PERSONAL COLOR

我的優雅氣質
/就/從/飾/品/開/始

著名珠寶設計師
國際色彩穿搭達人/
蕭曼妃 著

CONTETS

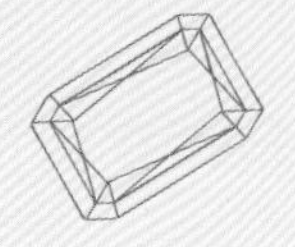

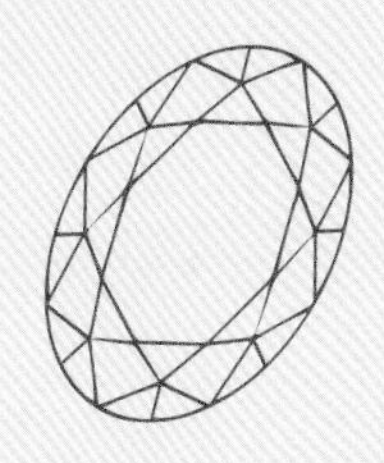

CONTETS

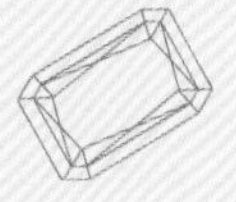

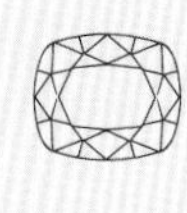

4

CONTETS

女人的美，自己定義！

管它時尚怎麼變，
你都要知道自己怎麼做

PREFACE

PROLOGUE

我是曼妃，是一個珠寶設計師，
也是個人基因色彩的講師，以及形象風格穿搭規畫師。

擔任珠寶設計師多年來，常常遇到客戶提出飾品配戴的問題，像是：
「什麼顏色好？選金飾還是銀飾？」「哪種寶石比較適合我？ 」
「項鍊要戴粗的還是細的比較好看？」「耳環長度應該在什麼位置最美？」
「我不知道別針該別在哪裡…」「珍珠很優雅，但戴起來好像有點老氣？」
也常常有客戶跟我說，年輕時購買的珠寶飾品，現在戴起來都不太適合。

綜觀所有詢問，我發現客戶們最想瞭解的問題是：「珠寶飾品款式這麼多，我怎麼知道哪個是最適合自己的？」這些問題引發我開始思考，除了從高端珠寶設計的專業知識，或是流行飾品的搭配經驗裡找答案，是不是還有更淺顯易懂的邏輯概念，可以幫助每個人找到最適合自己的搭配法則？

我相信，無論身分、年齡，每個人都有專屬自己獨一無二的美麗。所謂的愛自己，應該要能在生活中實踐，而不是隨波逐流地崇尚名牌精品；眞正的愛自己，是深刻地了解：什麼才是最適合自己的樣子。

這是曼妃決定從珠寶設計專業走到個人基因色彩、形象風格穿搭規畫領域的原因，也是創立【妃美學】品牌，以及出版這本《我的優雅氣質，就從飾品開始》的初衷。

珠寶首飾的配戴的確有其學問，甚至稱得上是一種「微型的立體藝術」。這本書裡，集結十多年來在珠寶設計、飾品搭配累積的實戰經驗，以及個人形象風格與個人色彩的專業領域。

每一個人都能透過書中的系統檢測與分析，完整了解自己的命定色彩、顏型、骨架等與生俱來的美麗 DNA，透過一個一個章節的帶領，循序漸進地找出最符合自己的搭配風格。

用心了解自己，就是活出美好的第一步；學會適切的配戴方法，展現自我獨特的魅力與品味，從此，在飾品搭配的路上再也不必走冤枉路。
在【妃美學】，在這本書裡，我想分享的是：一套每個人都學得會的珠寶飾品搭配法則！平價的飾品也能戴出高質感，輕奢珠寶可以是日常的一部份，一起用最簡單的方法，改變你和珠寶飾品的美好關係。

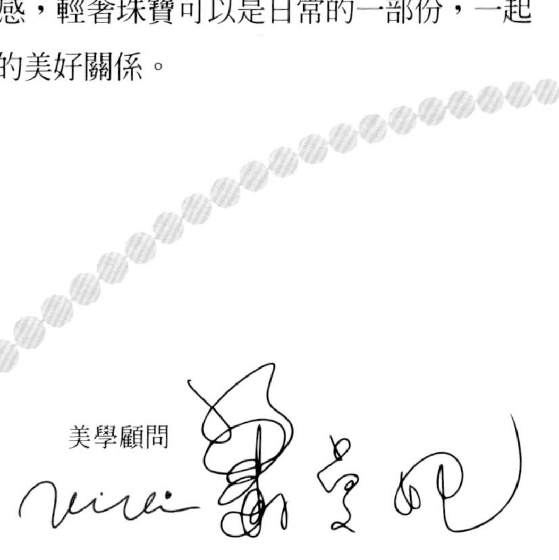

美學顧問

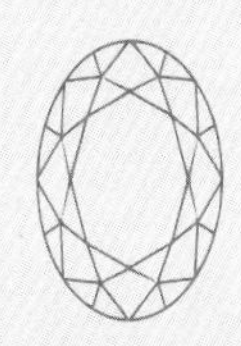

美, 從自我分析開始

找出自身的優點特質

PREFACE

1

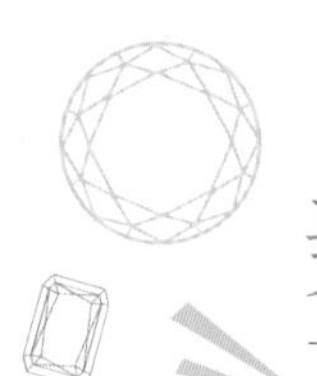

CHAPTER ♥ 1
美，從自我分析開始

FIND YOUR BEAUTY NOW!

某一天，一位曾經請我設計老珠寶翻新的客戶，帶著一個美麗的盒子來到我的工作室。一打開盒子，我非常驚豔裡面擺放著各種不同風格的珠寶飾品款式，除了常見的精品大牌，也有好些高端的訂製珠寶。

我原本以爲是長輩留下來的傳家寶，需要修整、保養或是將老物件改款，但又發現，其中有些一眼就能認出是近幾年流行的精品熱門款。詢問之後才知道，原來是客戶在穿戴時覺得很難搭配，因此想要求助珠寶設計師，看看是否能提供新的創意。

我將她帶來的飾品先大致分類，發現有好幾種風格：首先是粉色系彩色寶石，此類通常設計精巧，屬於甜美風；另外也有氣場強大的大顆寶石，加上銳利切割的個性風格；還有金工細緻、裝飾繁複的維多利亞風，以及單用金屬作爲設計主軸的簡約風——都是風格迥異的款式。

也難怪客戶會覺得難以搭配，因爲在搭配的美學上，不管是色系或是風格，都要彼此協調才會好看，更別說還要與合宜的服裝一起呈現。如果將不同色彩屬性或是設計風格放在一起，搭在身上可能有突兀的色塊、廉價感，甚至顯得雜亂。一旦整體視覺不協調，就容易看起來不順眼，甚至大媽味十足。

我們在購買飾品時，常常受到當下流行趨勢或是銷售人員的推薦，
進而買了不適合自己的款式。其實，唯有瞭解自身的優點，才能遇見對的飾品，
讓它們幫自己的個人品味形象加分。別再因爲盲目購物，讓精心選購的寶貝，
躺在珠寶盒裡孤芳自賞。

適合自己的珠寶飾品才加分

BEAUTY BEGINS THE MOMENT YOU DECIDE
TO BE YOURSELF

珠寶飾品不只是美麗的點綴而已，如何藉其塑造出美好的個人形象，你需要知道判斷的關鍵原則有哪些？如果能深入瞭解自己，認識屬於自己的風格，運用一套有邏輯根據的方法（例如：個人基因色彩分析、顏型診斷、骨架分析），你就不用單憑感覺做選擇。

一個知道自己適合什麼的人，打扮自己的時候就不會猶豫不決，對自己的品味會越來越有自信，對美的鑑賞能力也會提升。

CHAPTER ♥ 1-1

如何挑選適合自己的珠寶飾品

HOW TO WEAR JEWELRY

找出個人風格三大分析法

很多人常認為已經夠瞭解自己了，但在我多年的從業經驗中發現，絕大多數的人對自己的認知其實是錯誤的。例如明明適合金色的客戶，卻害怕金光閃閃俗氣逼人，而完全捨棄金色的飾品，卻沒發現銀色飾品反而會讓自己氣色黯淡。又或是適合可愛風格的客戶，卻總是用充滿個性的單品做搭配，反而讓整體造型看起來不協調。

因此，透過邏輯分析，歸納出以下三種方式，找出真正適合自己的飾品風格。

1 個人基因色彩分析

飾品的顏色需要能與天生自帶的色調相互輝映，才能彰顯出好膚色。

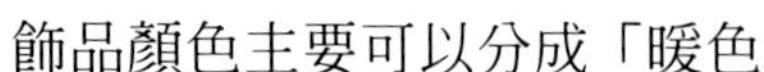

膚色　髮色　瞳孔顏色

飾品顏色主要可以分成「暖色金色系」與「冷色銀色系」兩大類，當搭配正確就會成為美肌金屬色；搭配錯誤，整體就會顯得格格不入。

② 五官顏型色彩分析

臉部五官是一個人整體最具代表性的部位。
顏型分析是將個人臉部特徵（包含五官線條與臉部形狀）經由判斷、分析後再細分爲八種風格。
每種類型差異甚大，適合的珠寶飾品與穿搭配件自然也關於八大風格的介紹，後面章節會再詳細說明。

③ 身形骨架色彩分析

根據個人天生的身體線條、骨骼的粗細大小、肌肉的紋理特徵，將體型畫分成三種骨架。
由於飾品款式有長短、粗細與大小之分，配戴起來的效果各有不同；即便是同一款商品，在不同骨架的人身上也會有明顯的差異。
因此認識自己的骨架，飾品配戴時才能達到揚長補短的作用，爲自己的身形加分；各所適合的樣式，一樣會在後面章節詳述。

CHAPTER ♥ 1-2

基因色彩分析

PERSONAL COLOR

珠寶飾品的金屬顏色除了常見的金色、銀色還有深受年輕女孩們喜愛的玫瑰金。而這當中光是金色，又分為土豪黃金、香檳金以及經典的古銅色調，金屬的表面質感還有亮面、霧面、磨砂……等等之分。

因此市場上這麼多琳琅滿目的選項，在購買時妳是不是也有選擇困難上身？或是同一款式買了好幾個顏色，而最後佩戴起來看順眼的只有其中一個？
在一般傳統的印象中，都以為戴銀色會讓皮膚顯白，戴金色會讓氣色變好。

事實上，如果選擇不合適自己的基因色彩金屬色，不但無法為穿搭加分，戴起飾品反而會有廉價感。面對五花八門的款式，再加上不同的金屬色，相信大家在佩戴珠寶飾品時，對於配飾與膚色如何達到搭配上的協調，常感到困惑而猶豫不決。那麼如何選擇，戴起來才有高級感？怎樣搭才是好看？適合自己呢？

妳眞正需要的，是經由基因測色分析，先找出適合自己的金屬色！
透過以下幾個簡單的自我核表，尋找屬於你的命定顏色吧！

冷暖色的自我檢測法

做完測驗，你就知道自己的基因色彩類型！

	A	B
曬太陽皮膚比較容易	曬傷	曬黑
手腕內側血管顏色	藍紫	綠紅
眼球眼白部分顏色	冷白	奶油白
眼球的瞳孔顏色	漆黑	咖啡
天然的髮色	純黑	咖啡
天生皮膚顏色	冷白	健康色
裸唇的顏色	偏紅玫瑰色系	偏橘珊瑚粉色系

Check 結果 ▷ A 多為冷色風格 B 多為暖色風格

CHAPTER ♥ 1-2

冷色/暖色 × 命定金屬

做完測驗，揭開你的基因色彩類型！

FIND YOUR PERSONAL COLOR

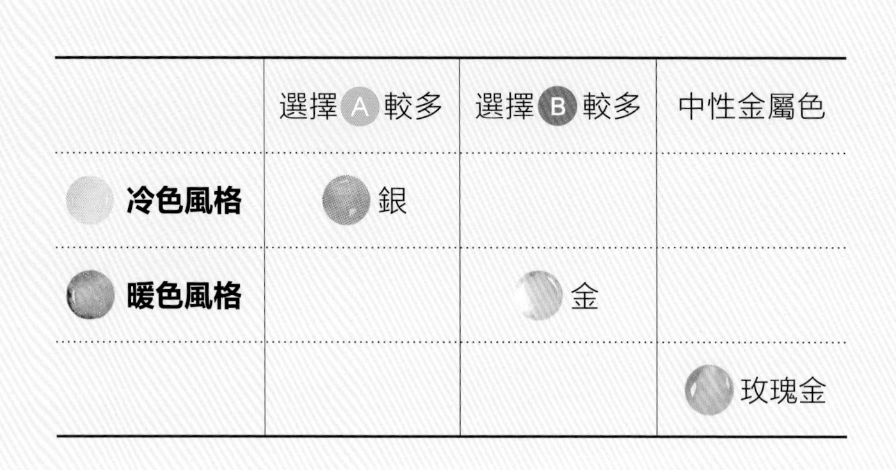

	選擇 A 較多	選擇 B 較多	中性金屬色
冷色風格	銀		
暖色風格		金	
			玫瑰金

珠寶飾品配戴法則之一，就是色系要統一，只要冷 / 暖色搭配得宜，優質感瞬間提升！一旦確認自己的基因色彩，就要搭配同屬性的金屬色及服裝色系，若是搭配屬性不同，除了美觀上會產生不協調，珠寶飾品戴起來的質感也會大打折扣。

一般來說，玫瑰金雖適合各種膚色佩戴，但如果個人冷 / 暖色屬性強烈的話，玫瑰金的飾品戴在身上，會顯得黯淡無光、存在感大幅降低。

Gold × Silver

其實金屬色細分起來非常豐富的，但需要經過更仔細精準的檢測，才能知道更細緻的基因色彩屬性。例如：膚色還能細分成：光澤／非光澤：同樣都是金色，但香檳金與一般健康膚色較合襯，而土豪金比較能襯托小麥色、黝黑膚色。

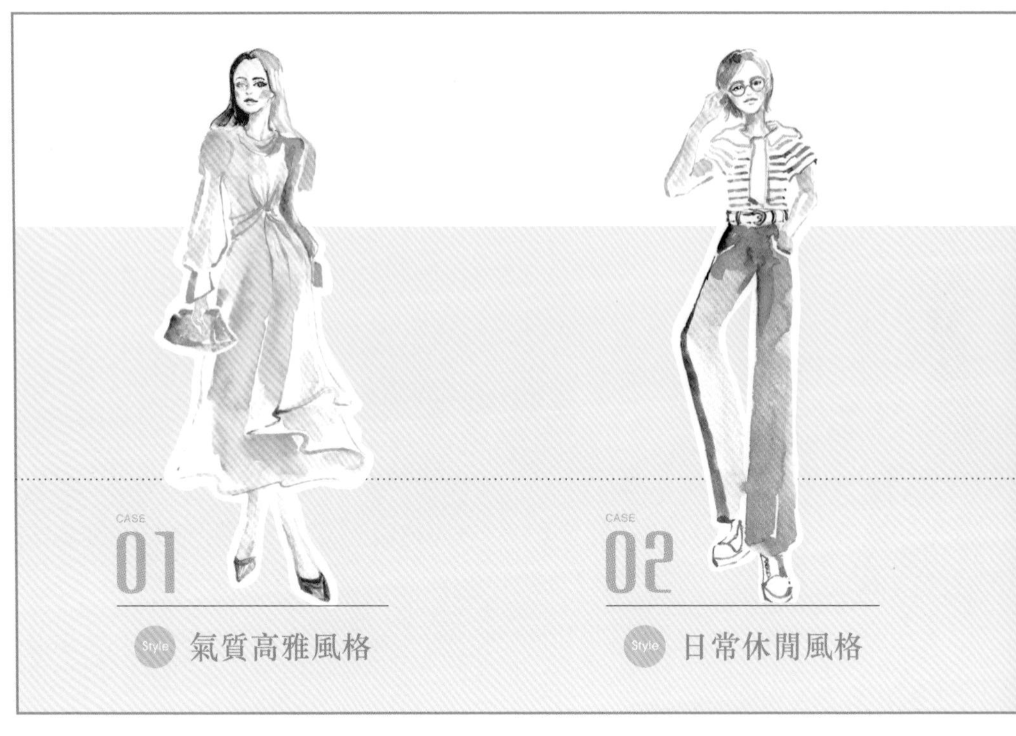
CASE
01
Style 氣質高雅風格
CASE
02
Style 日常休閒風格

05
Style 可愛俏皮風格
CASE
06
Style 中性英氣風格

CASE
03
Style 森林系無印風格
CASE
04
Style 經典淑女風格

CASE
07
Style 摩登時尚風格
CASE
08
Style 甜美浪漫風格

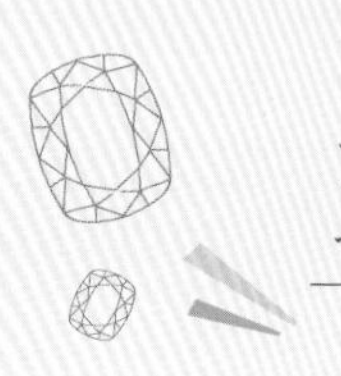

CHAPTER ♥ 1-3
五官顏型分析

HOW TO WEAR JEWELRY
FACE TYPE

配戴對了加分，弄錯了就是白搭！首飾有修飾臉型的效果，
相同的如果搭配錯款式，會適得其反。
我們都希望戴上精心挑選的珠寶飾品有加分效果，
但款式這麼多，類型又是五花八門，
什麼臉型適合哪種款式，該如何選擇自己的型？
從臉的顏型分析開始吧！

CHAPTER ♥ 1-3

童顏/大人顏自我檢測

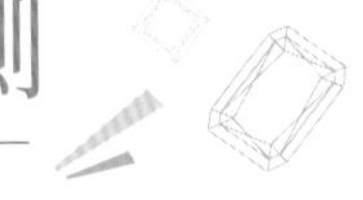

SELF CHECKING CHILDREN'S OR ADULT FACE TYPE

透過自我臉型分析，選擇 A 或 B，
即可快速檢測你的風格印象是童顏或大人顏！

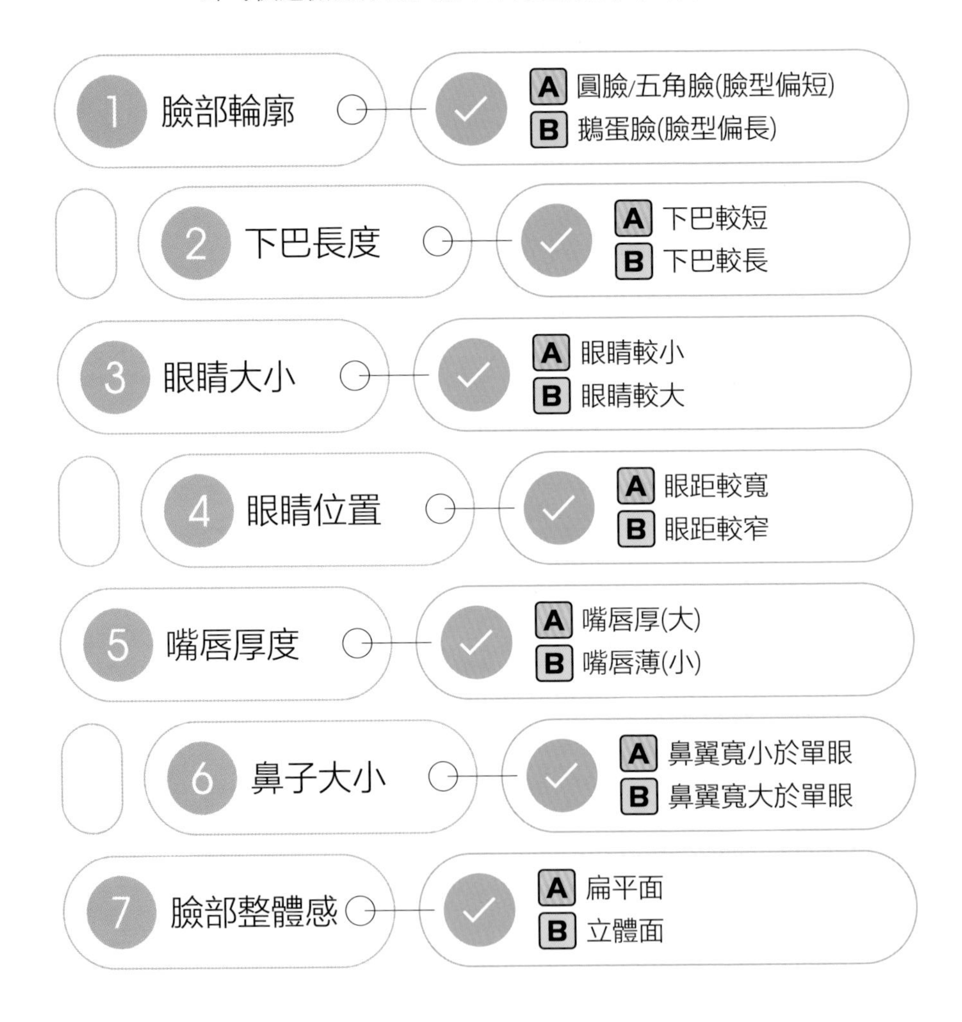

CHAPTER ♥ 1-3

男顏/女顏自我檢測

SELF CHECKING MALE OR FEMALE FACE TYPE

透過自我臉型分析，選擇 C 或 D，
即可快速檢測你的風格印象是男顏或女顏！

妳是屬於哪種風格呢？

A 選項較多	▶ 眼睛偏小~普通 **甜美浪漫風格**
C 選項超過 7 個	▶ 眼睛大 **可愛俏皮風格**

A 選項較多	▶ D 選 6 個以下 **日常休閒風格**
D 選項超過 2 個	▶ D 選超過 6 個 **無印森林系風格**

B 選項較多 C 選項超過 7 個	▶ **氣質高雅風格**

B 選項較多 D 選項超過 7 個	▶ **中性英氣風格**

B 選項較多	▶ 眼睛偏小~普通 **經典淑女風格**
D 選項 6 個以下	▶ 眼睛大 **摩登時尚風格**

Vivi's
HOW TO WEAR JEWEIRY

FACETYPE

大人顏

經典淑女風格
見 P.42

氣質高雅風格
見 P.40

摩登時尚風格
見 P.44

女顏

男顏

甜美浪漫 P. 48

中性英氣 P. 46

可愛俏皮風格
見 P.50

日常休閒風格
見 P.54

森林系無印風
見 P.52

童顏

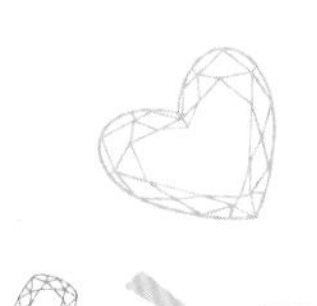

CHAPTER ♥ 1-4

臉型分析八大風格

EIGHT STYLES OF FACE TYPE

近年網路電商購物風潮已成趨勢，在網路上買東西已經變成一種日常習慣。
但，妳有沒有這樣的經驗：不能試戴、試穿的商品，
往往很容易在收到商品時候，才發現不適合自己？

其實，我們可以藉由臉型的分析找到自己的風格，
瞭解合適搭配的珠寶飾品大小、形狀，耳環的形式等，
從此便可以輕鬆購物，不試戴也能一眼判斷是否適合自己。

face

Feminine

FEMININE STYLE

氣質高雅風格

適合具有女性柔美中帶點華麗、細緻高雅元素的設計的風格。
嬌柔華美特質，荷葉邊、蕾絲、性感都能駕馭。
強調女性特質，優雅中帶女人味、沈穩從容知性氣息。

飾品搭配 +

尺寸: 普通 ~ 偏大，有曲線的造型
手鍊: 簡潔大方的款式
耳環: 華麗有分量有存在感的造型
戒指: 華麗大方的設計
項鍊: 不適合過度銳利的設計
手錶: 圓形、幾何造型的錶面

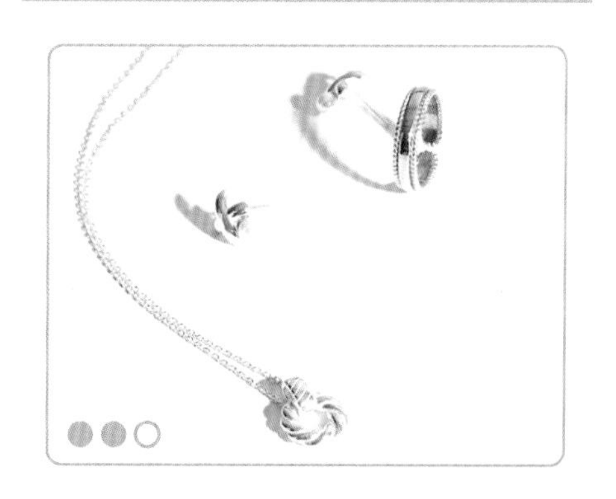

特徵 +

顏型診斷: 大人 + 曲線
臉型輪廓: 圓臉、圓潤無骨感
五官大小: 偏小 ~ 普通
立體感: 輪廓較淺

穿搭單品 +

連身裙、觸感較軟滑的布料，強調胸、腰、臀設計的單品

代表人物 +

- 深田恭子
- 佐佐木希
- 張鈞甯

Elegant

ELEGANT STYLE

經典淑女風格

大方得體端莊，有點嚴肅、有教養的淑女形象，
不論簡約端莊還是華麗的單品都可以駕馭。
適合經典傳統高雅款式，清麗脫俗也可盡情展現華麗氣息。
偏小的首飾反而顯得不大器，過度休閒風格會格格不入，沒有生氣。

飾品搭配

尺寸: 普通 ~ 偏大的尺寸
手鍊: 有份量的造型
耳環: 有存在感、豔麗風格
戒指: 華麗、厚實、有大主石的款式
項鍊: 華麗的設計
手錶: 普通 ~ 偏大尺寸的錶面

特徵

顏型診斷: 大人 + 直線曲線
臉型輪廓: 鵝蛋臉、長臉、有長度五角臉或骨感
五官大小: 偏大 ~ 普通
立體感: 標準 ~ 立體

穿搭單品

不裸露、不透膚色、成熟大人感的穿搭，套裝不或簡約不受流行影響的基本款。

代表人物

- 綾瀨遙
- 後藤久美子
- 鞏俐

Style

Cool

MODERN FASHION STYLE

摩登時尚風格

氣場強大的性格美女，瀟脫而優雅，具有現代摩登都會感。
外型看起來爲幹練，顯得比實際年齡成熟。
適合有個性的時尚單品，即便是風格強烈，有舞台感的設計也能輕鬆駕馭。

飾品搭配 +

尺寸: 普通 ~ 偏大的尺寸，融入有直線要素的設計。
手鍊: 有厚度的鍊型
耳環: 簡潔有存在感的風格
戒指: 華麗厚實、有大主石的款式
項鍊: 粗鏈的設計
手錶: 方形、幾何造型的錶面

特徵 +

顏型診斷: 大人 + 直線
臉型輪廓: 鵝蛋臉、長臉、有長度五角臉直線或骨感
五官大小: 偏大 ~ 普通
立體感: 標準 ~ 立體

穿搭單品 +

人工材質、塑料、皮料。個性有現代感、未來感、浮誇設計。

代表人物 +

- 米倉涼子
- 金瑞亨

Style

Neutral

MASCULINE STYLE

中性英氣風格

擁有帥氣英挺外表的女性，舉手投足中瀟脫俐落帶點陽剛感，
穿上男裝也毫不違和，反而能展現獨有的中性魅力。

飾品搭配

尺寸: 偏小 ~ 普通的尺寸，但不適合穿戴可愛風格，會顯得突兀。
手鍊: 偏向直線造型
耳環: 清爽直線要素的設計
戒指: 難以駕馭花樣太繁複或曲線過於強烈的款式。
項鍊: 偏中性設計
手錶: 方形、中性設計的錶面

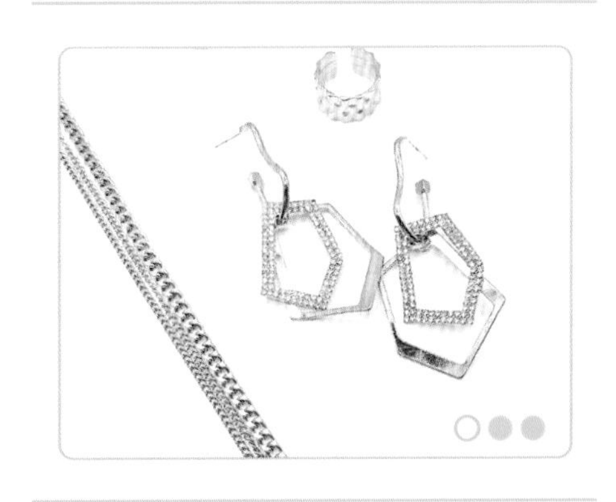

特徵

顏型診斷: 大人 + 曲線混合
臉型輪廓: 鵝蛋臉、長臉、有長度五角臉、某些地方偏直線或骨感
五官大小: 偏小 ~ 普通

穿搭單品

適合皮革、西裝、軍裝，或是有規律幾何圖形、銳利切線的單品。

代表人物

- 劉敏濤
- 天海祐希

Style

Romantic
cute

ROMANTIC CUTE

甜美浪漫風格

穿戴偏大或存在感過強的飾品容易被搶走風采，
建議選精緻小巧、蝴蝶結、小花、公主甜美浪漫風格，給人年輕容易親近印象，浪漫惹人憐愛，無論幾歲都讓人覺得她好可愛。

飾品搭配 +

尺寸: 普通 ~ 偏小，不適合尺寸偏大飾品
手鍊: 纖細雅緻的款式
耳環: 小巧可愛甜美造型
戒指: 戒圍較細的設計
項鍊: 細鍊
手錶: 橢圓與圓型錶面

特徵 +

顏型診斷: 小孩 + 柔和型
臉型輪廓: 圓臉、圓潤無骨感
五官大小: 偏小 ~ 普通
立體感: 輪廓較淺

穿搭單品 +

適合布料偏軟、裝飾多的單品

代表人物 +

- 譚松韻
- 小倉優子
- 郭書瑤

Active
cute

ACTIVE CUTE STYLE

可愛俏皮風格

看起來比實際年齡輕，帶有孩子氣的臉也保有大人特質，
優雅路線會顯得突兀，建議選帶簡約亮眼的設計，以休閒爲基調，
營造出自由而浪漫的生活感。

飾品搭配 +

尺寸: 普通 ~ 偏大尺寸
手鍊: 活潑、甜美、酷炫款式
耳環: 幾何圖形、色彩鮮明、休閒風格
戒指: 華麗大方的設計
項鍊: 不建議太細項鍊，無存在感
手錶: 橢圓與圓型錶面

特徵 +

顏型診斷: 小孩臉 + 曲線
臉型輪廓: 圓臉、圓潤無骨感
五官大小: 偏大 ~ 普通
立體感: 標準 ~ 立體

穿搭單品 +

適合單品: 民俗風格印花、波希米亞、西部牛仔、吉普賽(非洲、泰國、民族風)，蠟染圖案。

代表人物 +

- 安達祐實
- 新垣結衣
- 張韶涵

Style

Fresh

FRESH

森林系無印風格

整體給人爽朗清新的感覺，散發出自然、輕鬆自在。
如果穿戴偏大或存在感過強、過度繁複的飾品，容易被搶走風采，
建議選設計精緻小巧淡雅、簡潔大方款式穿戴。

飾品搭配

尺寸: 普通 ~ 偏小，簡約線條款
手鍊: 簡潔大方的款式
耳環: 小巧簡約設計
戒指: 簡約設計
項鍊: 細鍊
手錶: 方型或方圓偏休閒風格錶面

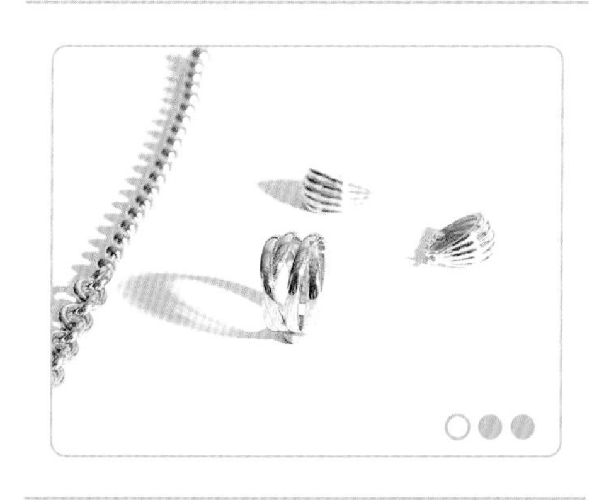

特徵

顏型診斷: 小孩 + 直線曲線
臉型輪廓: 較寬的五角臉
五官大小: 偏小 ~ 普通
立體感: 輪廓較淺

穿搭單品

適合單品: 亞麻、寬鬆、腰身不明顯的單品。

代表人物

- 宮崎葵
- 周冬雨

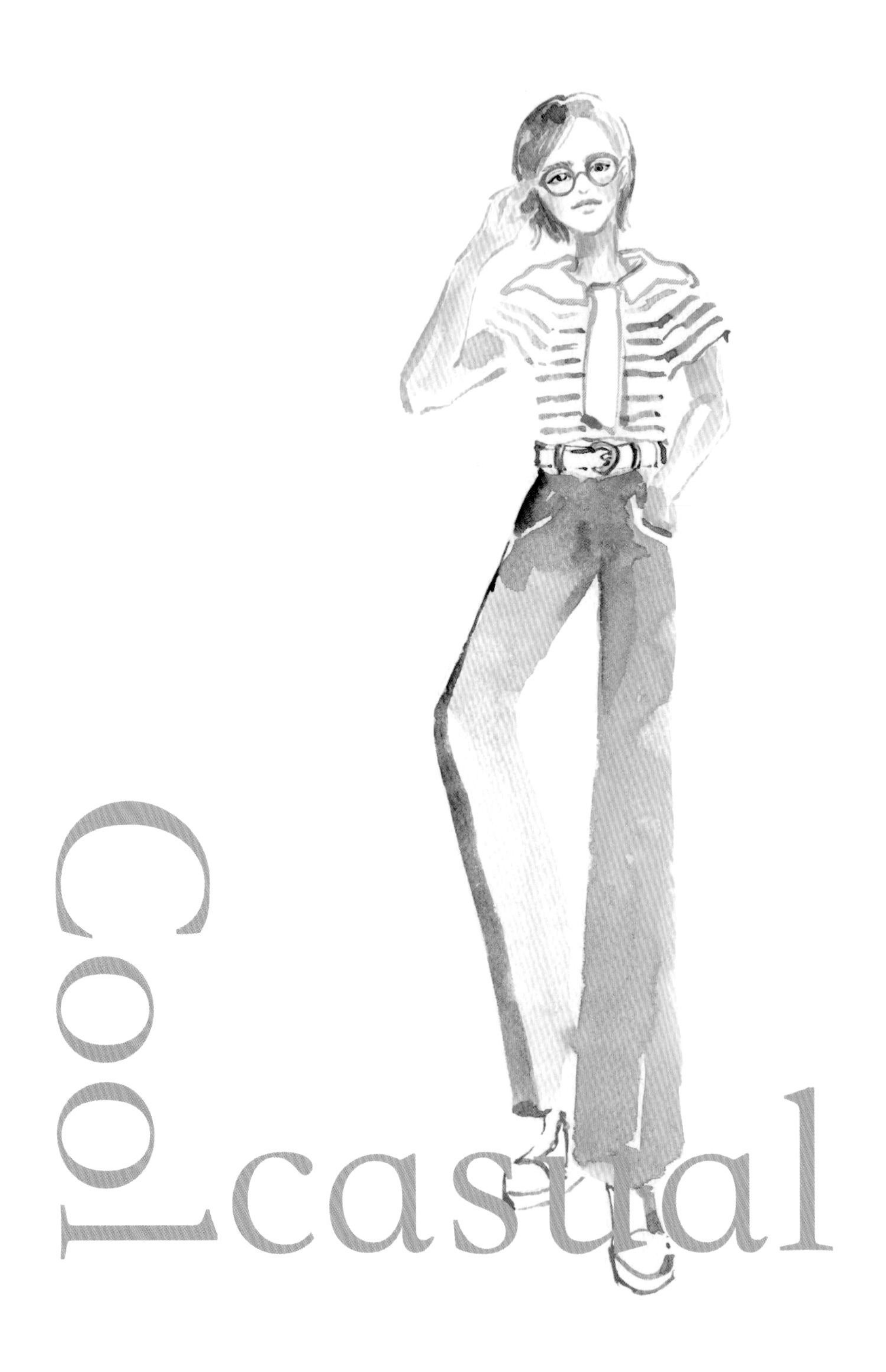
Cool
casual

COOL CASUAL STYLE

日常休閒風格

擁有直線風格特質，給人孩子氣的印象，外表比實際年齡小
擁有偏中性的獨特魅力，避免穿戴造型過度搶眼，設計過度繁複的飾品
整體適合休閒、便於活動的輕鬆穿搭。

飾品搭配 +

尺寸: 普通 ~ 偏小尺寸
手鍊: 偏細的金屬手環
耳環: 避免造型過度搶眼或太可愛
戒指: 簡約設計
項鍊: 適合簡約俐落造型
手錶: 偏小 ~ 普通尺寸的方形錶面

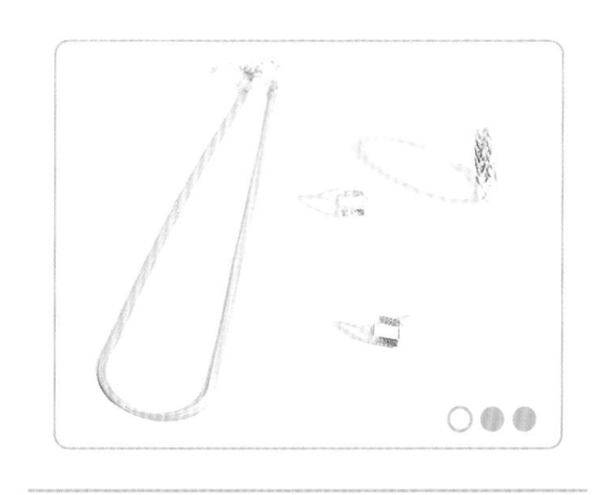

特徵 +

顏型診斷: 小孩 + 直線
(小男生臉)
臉型輪廓: 五角形、三角形、長型臉
五官大小: 偏小 ~ 普通
立體感: 輪廓較淺

穿搭單品 +

適合單品: 丹寧褲、卡其褲、T 恤、針織衫、
休閒鞋、布鞋，機能性高舒適材質。

代表人物 +

- 桂綸鎂
- 孔曉振

CHAPTER ♥ 1-5

身形骨架分析

HOW TO WEAR JEWELRY
BODY TYPE

你知道嗎？就連骨架都會影響飾品配戴的效果喔！
同樣的一款項鍊，會因爲配戴者身型不同，呈現出截然不同的效果。
在尋找適合自己飾品時，建議先透過骨架分析了解自我風格，
將可有助於選擇合宜的珠寶飾品搭配。

項鍊長度影響身體重心

人的身材有高有矮，有胖有瘦都有都不一樣的身體特徵，身材也會因爲骨架、肌肉、脂肪的分布不同，在視覺上有不一樣的質感・

Choker 頸鍊(小於35CM)

柔和型

Collar 鎖骨鍊(38-42CM左右)

柔和型

Princess 公主鍊(40-46CM)

柔和/有厚度
標準型

Matinee 馬汀尼鍊(50-65CM左右)

有厚度/標準型

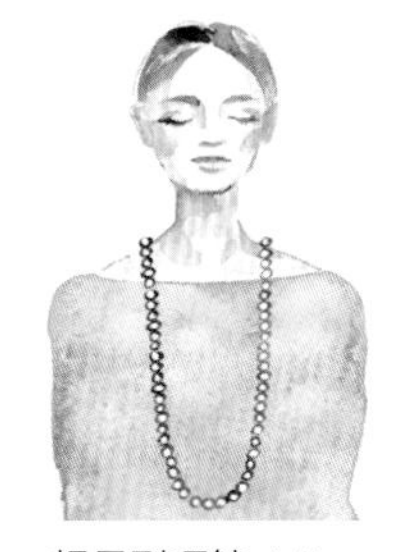

Rope 超長型項鍊(大於85CM左右)

有厚度/標準型

透過骨架診斷，挑選適合自己的珠寶飾品款式，包括材質、長度、大小，能讓身材比例看起來更勻稱。

項鍊長度影響身體重心

同一款項鍊佩戴在不同身形的人身上，呈現出的味道也會截然不同。舉例來說，英國黛安娜王妃所留下的珠寶，同時由凱特王妃和梅根所繼承，藉此也讓我們看到雖然是同一條項鍊，但他們兩位配戴起來，不管是氣質或是韻味都呈現不同的風格。

每個人除了髮色、膚色的不同之外，身型、骨架也都不一樣，所以別人戴起來美麗的珠寶，在自己身上不一定適合，重要的是先了解自己。
就從這本書前面所提到的「個人基因色彩」及「顏型診斷」來做初步分類，最後就是「骨架分析」的測驗，找出自己的身形。

當你了解了自己的長處與短處，就能截長補短，展現自己的優點。
譬如：個子嬌小的人，可以利用秀氣的單品或適合長度的項鍊，將身體中心往上延展，讓體型看起來更加勻稱，身材比例也更加完美。

找出自己的骨架風格

骨架分析是將每個人的身型，藉由骨格、肌肉、脂肪，分析出以下三種類型，幫助我們掌握適合自己的飾品設計款式與材質，提升穿戴的時尚眼光與魅力！

◎ 透過以下幾個簡單的自我檢視，迅速瞭解自己的骨架類型吧！

你是屬於哪一類型骨架?

FRAME TYPE AFECTS NECKLACE LENGTH

豐腴 / 厚度型  選擇較多	身體重心偏上，從側面看有厚度、 或上半身成倒三角， 肩膀寬度大於或與腰線同寬。
標準型  選擇較多	重心沒有特別偏移。
纖細 / 柔和型  選擇較多	曲線柔和纖細，身體中心偏下， 從側面看偏單薄， 沒有太大起伏。

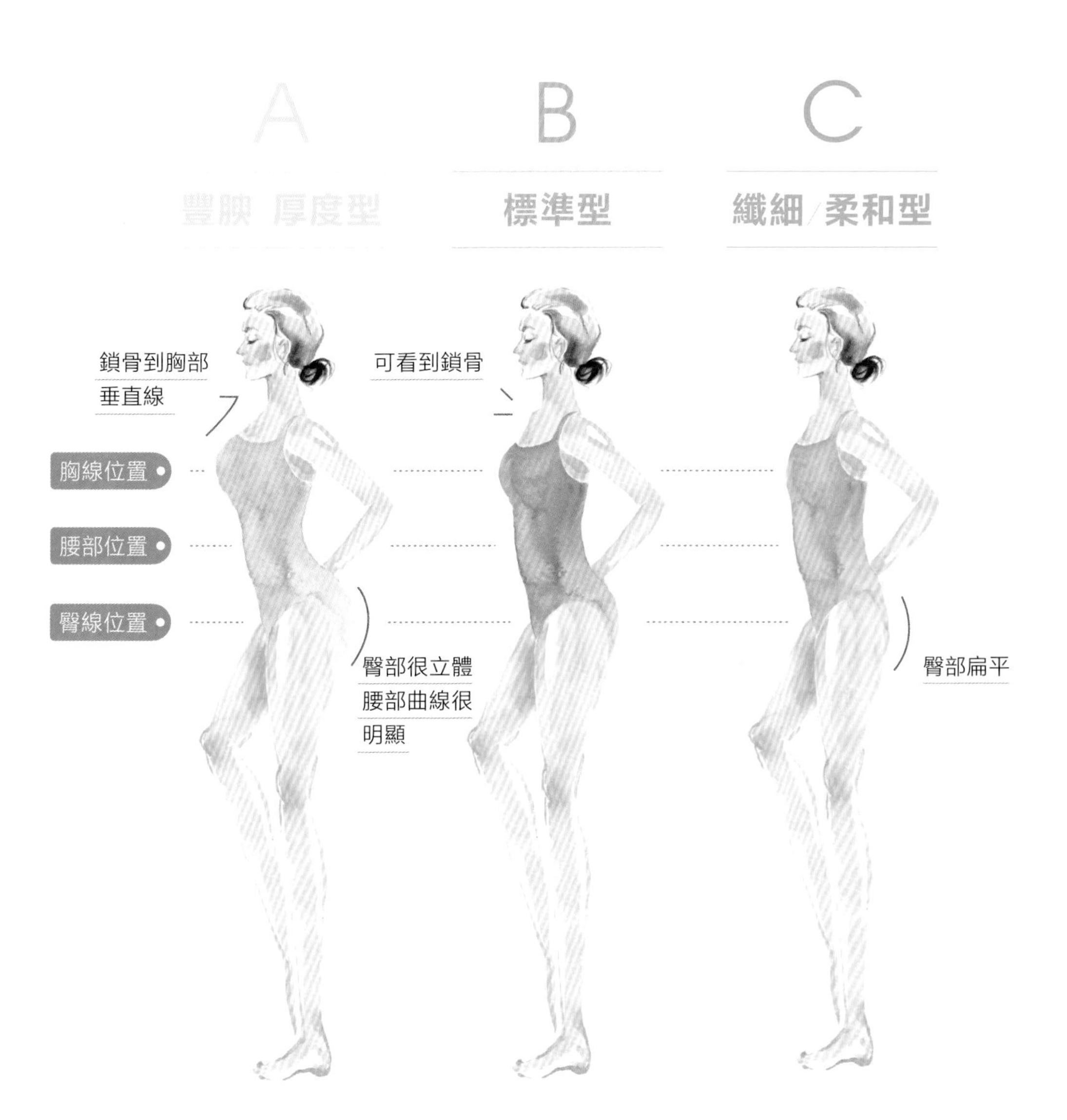
A
豐腴 厚度型
B
標準型
C
纖細/柔和型
鎖骨到胸部
垂直線
可看到鎖骨
胸線位置
腰部位置
臀線位置
臀部很立體
腰部曲線很
明顯
臀部扁平

SKELETONS
AND
ACCESSORIES

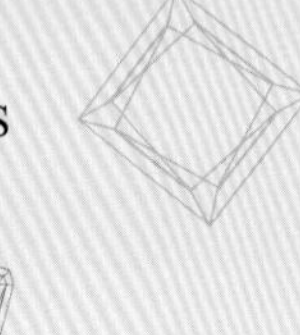

BODY TYPE STYLE

纖細型骨架

身體比較單薄沒厚度

適合飾品風格

細緻、小巧

適合關鍵字

女人味、優雅、曲線型、細緻、輕盈、華麗感利用項鍊提高重心位置，讓視覺往上移。選擇7mm以下珠型，可使用多條項鍊疊搭，創造華麗感。項鍊建議不要過長的尺寸。

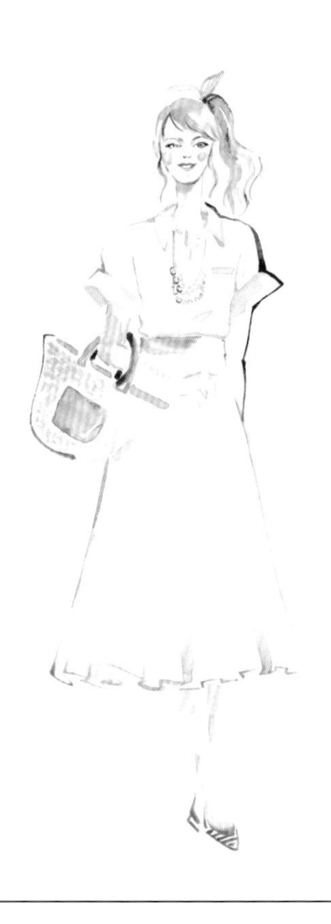

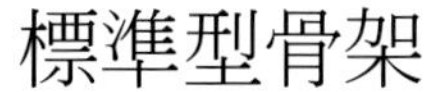

標準型骨架

適合飾品風格

不造作、輕鬆自在感

適合關鍵字

在骨架分析上，適合的珠寶飾品可選擇介於中間值的配飾，或搭配臉型風格穿戴，使整體視覺更協調。適合8mm上下的珠型，長度不超過91cm都可以駕馭。

豐腴/有厚度型骨架

身體有厚度，有立體感

適合飾品風格

簡約大方

適合關鍵字

簡約優雅、直線帶高級感的飾品、不要過多裝飾，適合形狀偏大線條分明的飾品、直徑8mm以上的珠鏈首飾為佳，項鍊長度建議不要太短。

珠寶飾品不只是美麗的點綴而已，如何藉其塑造出美好的個人形象，你需要知道判斷的關鍵原則有哪些？如果能深入瞭解自己，認識屬於自己的風格，用一套有邏輯根據的方法（例如：個人基因色彩分析、顏型診斷、骨架分析），你就不用單憑感覺做選擇。一個知道自己適合什麼的人，打扮自己的時候不會猶豫不決，對自己的品味會越來越有自信，對美的鑑賞能力也會大大提升。

時尚煉金術的魅力法

找出符合自己的珠寶飾品

PREFACE

2

CHAPTER ♥ 2-1

純金K金鉑金的金定義

TYPE OF METALS

一次看懂貴金屬種類

關於珠寶首飾所使用的金屬材質主要可以分成
貴金屬（Precious metals）與一般金屬（base metals）兩大類，
介紹以下市面上常見到的金屬材質，認識材質，也能幫助自己
挑選到更符合自身需求的飾品。

K金

Karat

是黃金與其他金屬熔合而成的貴金屬。會因黃金含量的高低產生不同強韌度和硬度，加入金屬的不同也會呈現不同顏色。可塑性佳，不易變形和磨損。能盡情發揮複雜精美的創意表現，適合運用於精品珠寶鑲嵌製作，廣為高端珠寶業者愛用。

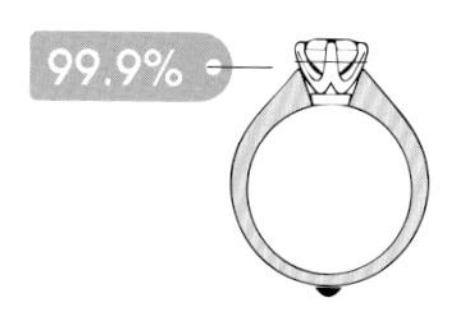

24K 金

/ AU999

黃金含量>=99.9%

又有九九純金、足金、赤金之稱。純金的特點是柔軟、易塑形，但在鑲坎寶石時，常因硬度不佳，寶石容易脫落遺失，製成各種首飾時也較容易變形，因此24K飾金的功能還是偏向存放保值居多。

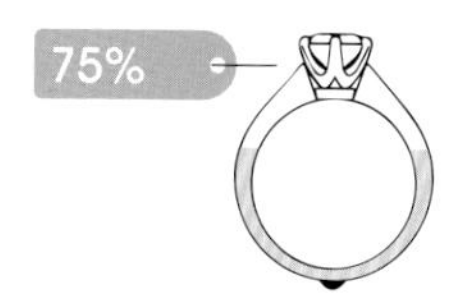

18K 

/ AU750

黃金含量>=75% 黃金 + 25% 其他金屬

14K 

/ AU585

黃金含量>=58.3%黃金 + 41.7% 其他金屬

鉑金

PLATINUM / PT

俗稱白金，由鉑元素組成，純度分爲 Pt990 / Pt950 / Pt900 / Pt850 四種，數字代表的就是鉑金含量，分別是 99%、95%、90%、85%；其中又以 Pt950 最爲常見，最廣爲使用。

鉑金比例越高，則價格則越昂貴，性質非常穩定，不會因爲日常佩戴而變質或褪色，它的光澤任時光飛逝依舊閃耀，且硬度高不容易刮傷，是製作高級珠寶或紀念性飾品常用的貴金屬。

◎K金和白金的差異在哪裡？

市面上非常容易將K金與白金混淆，特別是白色的K金。一般經常說的18K白金，並不是字面上是18K的白金，其實它指的是白色的18K黃金(英文為white gold)，主要成份是黃金，是由於加入其他金屬後呈現白色，跟白金(鉑金)毫無關係。

95銀

SILVER

一般是指含銀量92.5%左右的銀質品。純度過高的銀柔軟且容易氧化，因此925銀加入了7.5%的其他金屬，使其具有理想的硬度適合鑲嵌寶石，其澤優雅柔美造型多樣，自古以來廣受大眾喜愛。

316醫療鋼

STEEL

堅硬、且不易變形與氧化，對大部分的膚質來說不容易有排斥和過敏反應。材質常保亮澤，所以保養相對簡單。廣泛使用在醫療上廣泛在醫療上使用，像是植入人體的骨釘、鋼板等。換句話說，如果手術能醫療植入使用，配戴過敏程度相對就非常小，是金屬過敏者不錯的選擇。

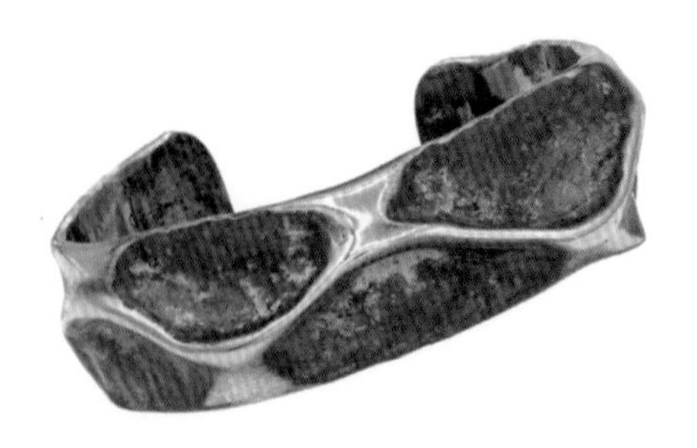

銅

COPPER

是飾品最常見也是應用最多的，黃銅在高度拋光以後，會呈現如黃金般的色澤。爲了避免黃銅快速的氧化，會在黃銅外層進行電鍍，以減緩氧化的速度。一般市面上銅原色的飾品並不多，主要是大多的銅都是經過表面電鍍處理過，所以消費者不會知道飾品的材質爲銅。而未經過電鍍的黃銅，經接觸空氣氧化後，會形成天然的仿古舊感，別有一番古典美感。

鍍金

GOLD PLATED

顧名思義就是在物體表面鍍上一層金，具體的概念就是用電解或其他化學方法，使金附著在飾品的表面，形成一層薄金電鍍層，進而產生 K 金般的光澤。電鍍可以改變金屬的光澤和顏色，此外還能延緩飾品金屬氧化、變色發生。

合金

MIXED METAL

主要以銀、銅、鋅、鎳混和而成的金屬，經過表面加厚的電鍍處理，能呈現出不錯的質感，價格親民，且金屬光澤也能保存一段時間，廣受年輕人的喜愛，成爲流行飾品的主流材質。但因混和多種金屬，較容易引起皮膚過敏，建議在配戴此類飾品時，盡量配戴在衣物上，減少接觸皮膚引起過敏的機會。

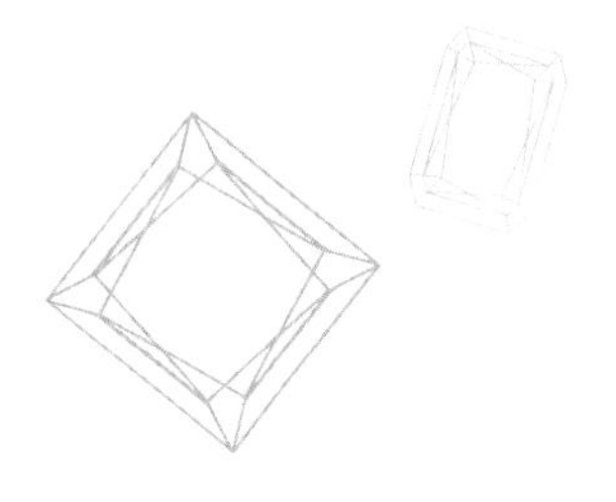

鋼印對照表

材質	字母	印記			含量	備註
黃金	G/Au	G/Au990			99%	足金
		足金999	G/Au999	足999	99.9%	千足金
		足金999.9	G/Au999.9	足999.9	99.99%	萬足金
K金	數字+K	18K			75%	黃金+其它貴金屬
		G/Au750			75%	
假K金	G/Au+數字	18KGP/18KGF			X	18K鍍金或是18K鍛壓金
鍍金	GP/GF	X			X	在銀或其他金屬表層用電鍍一層黃金
包金	GP/KP	X			X	一層薄薄的金箔包裹在首飾表面
鍛壓金	KF	18KGP/X			X	透過高溫把金箔鍛壓在首飾上硬度高耐磨
鉑金	Pt	990(足鉑金)			99%	鉑金 = 白金 = Pt K白金(有價差)
		Pt950			95%	
		Pt900			90%	
		Pt850			85%	
鉑銠合金	PtRH	PtRH5/PtRH10/PtRH13 PtRH30/PtRH40等			X	少見
鈀金	Pd/palladium	Pd1000/Pd950/Pd900/Pd850			X	和鉑金長得很像，比鉑金脆，比鉑金貴
銀	S	S990			99%	足銀，硬度不高
		Pt950			92.5%	不是足銀，卻硬度和亮度都更高些
銅	H	H96			96%	留意黃銅冒充黃金
		H65			65%	

貴金屬的隱形鋼印密碼

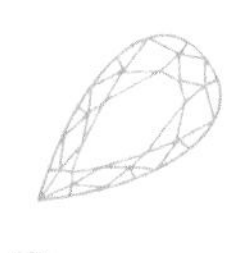

INVISIBLE STEEL SEAL PASSWORD

你是否留意過首飾上的鋼印呢？鋼印可以說是貴金屬的身分證。
購買一般飾品，或許不一定會有鋼印，沒有鋼印也不代表該商品就是假的。
但若是我們購買高單價的貴金屬飾品時，鋼印就成了品質的保證。
因此，若要購買的首飾較爲昂貴，建議可進一步確認飾品上是否有鋼印。

鋼印由貴金屬材料與首飾金屬材質純度兩部分組成，
有些會加上品牌或廠家名稱，通常刻印在不影響外觀的位置，
購買時可以確認一下鋼印標示，
如果找不到可以請銷售人員幫忙。

在飾品中，彩色寶石也是被名媛青睞的品項之一，
但面對各種不同顏色、種類的寶石，
對於第一次選購的消費者很容易沒有頭緒，也不知道該從哪些方面判斷
寶石的好壞，更不知要如何下手了？

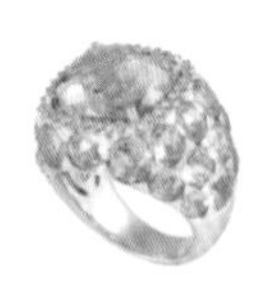

對於想買彩色寶石的朋友，通常我會建議從幾個方向著手：
首先要思考購買的目的，是送禮還是自用呢？送禮的話，
可以先針對對方年齡或是對彩色寶石的類型偏好，
在預算範圍內選擇合適的款式。
另外，也建議透過【顏型診斷請參閱P.32及個人色彩P.24】
瞭解自己適合的寶石形狀、大小顏色與設計風格。

光燦禮讚的彩色寶石

讓你一次買對的選購指南

PREFACE

3

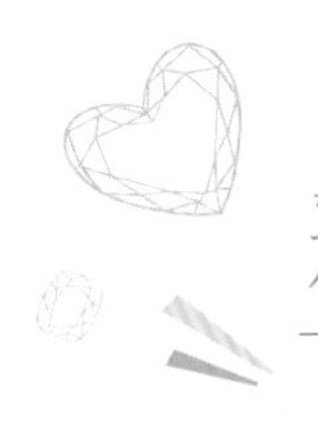

CHAPTER ♥ 3-1 彩色寶石選購指南

CONSUMER

選購彩色寶石首飾，不論是佩戴在手指上的戒指，貼近皮膚的手鍊、項鍊，或是靠近臉部的耳環，都必須搭配得宜，方能達到畫龍點睛的效果，這些都與顏型診斷、骨架分析及個人的命定顏色息息相關；挑選出自己適合的色系很重要，除了把握這些原則外，以下四點也是在購買挑選上參考的基礎。

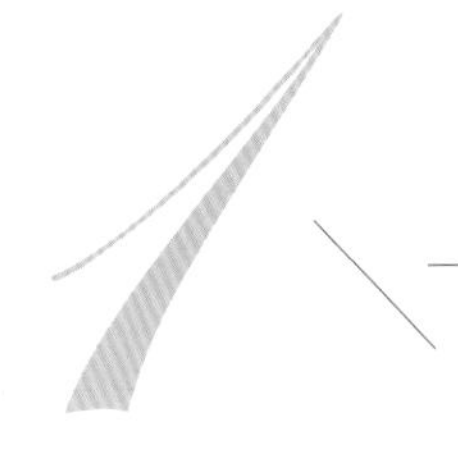

WEIGHT

寶石重量

相同等級的寶石克拉數越大越貴，越大也越稀有。

COLOR

寶石顏色

彩色寶石的顏色，越正色越好，色彩飽和度、明亮度或鮮豔度也是重點。然而， 顏色認定是很主觀的，最後還是以看了實物，自己喜不喜歡爲準。

3 CLARITY

寶石淨度

寶石越乾淨價格越高，但過度乾淨無瑕要注意是否爲合成的寶石。

4 CUT

寶石切工

切工可說是寶石的第二生命，影響寶石閃耀程度，切磨比例好，火彩自然好。購買時確認一下保證卡或鑑定書內容是否與購買的寶石相符。最後很重要的一點，就是選擇信用可靠的店家購買。

CHAPTER ♥ 5-2

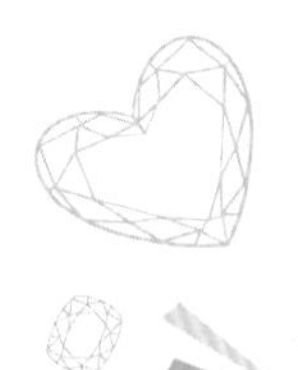

屬於自己幸福的誕生寶石

THE BIRTHSTONE THAT BRINGS HAPPINESS

傳說中，人們相信寶石具有神祕的力量，在占星學的演算中，從1~12月都有其代表的誕生石，這12種誕生石作爲飾品戴在身上，各有其意義和魅力。

找出自己出生月份的誕生石，能加強個人魅力，除此之外，根據各誕生石的能量，找出更多守護自己的力量，實現願望帶來好運。

對於想選購寶石而無從下手的朋友，不妨就從自己的誕生石開始吧！快來尋找自己的幸運石吧！

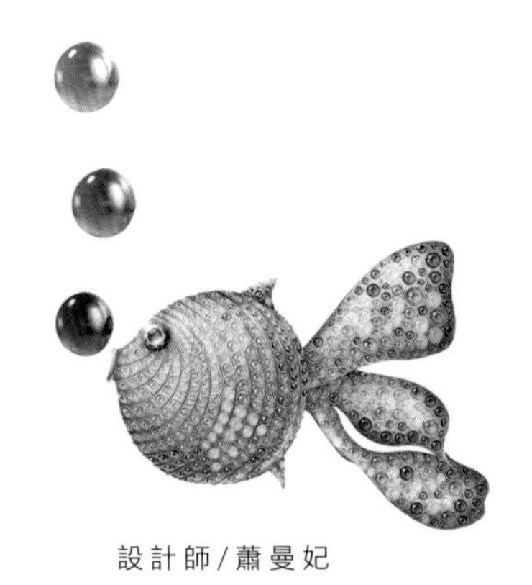

設計師/蕭曼妃

HOW TO WEAR JEWEIRY

—

The Birthstone

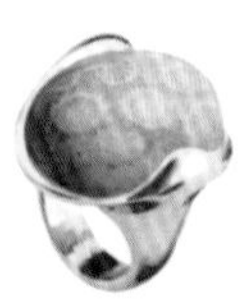

設計師/蕭曼妃

石榴石

GARNET

由拉丁文「Granum」演變而來，意思是「穀物、種子」。早在青銅時代已被廣為應用的石榴石，顏色多為紅色，是具有活力、生命力，帶給人勇氣也有堅固人與人之間情誼象徵的寶石。

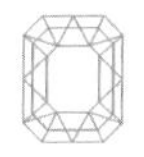

石語：忠誠、熱情、友誼、堅貞

二月誕生石

BIRTHSTONE

FEBRUARY

紫水晶

AMETHYST

在二月出生的人，富有藝術天分與想像力，稱得上是浪漫的生活家。在古代，紫色是屬於貴族的顏色，神祕而優雅並象徵著尊貴與權威；在民間說法中，紫水晶可啟人智慧。

石語：高貴、誠實、心靈平靜

三月誕生石

BIRTHSTONE

MARCH

海藍寶石

AQUAMARINE

獨特的湛藍海水顏色，彷彿手捧沁涼透澈的海水，療癒人心。東方或西方都視水為生命之源，三月也是地球萬物復甦的時刻，因此海藍寶石被定為三月的誕生石，同時也是美人魚、水手和旅人的幸運寶石。因此它又名「福海石」。象徵沉著、勇敢和被祝福的愛。

石語：勇敢、富貴、聰明、幸福

四月誕生石

BIRTHSTONE

APRIL

鑽石

DIAMOND

象徵永恆的鑽石，是礦物中最堅硬的寶石，帶著璀璨耀眼的光芒。源於希臘文「adamas」，寓意為「不可征服」，在四月份誕生的人和鑽石一樣，也有著不輕易服輸的堅毅。鑽石閃耀奪目，幾世紀來一直是女人的最愛。「鑽石恆久遠，一顆永留傳」，更是讓鑽石從此家喻戶曉，成為戀人間定情永恆的象徵。

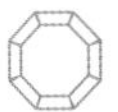
石語：純潔、至上光輝、潔白無瑕

五月誕生石
BIRTHSTONE
MAY

BIRTHDAY MONTH 05

祖母綠

EMERALD

祖母綠之名源於古波斯語「Zumurud」音譯後演變成希臘文「Smaragdos」，意為「綠色的石頭」，古埃及時已用於珠寶設計，可說是最古老的寶石。十六世紀前，古歐洲視為高貴神聖的象徵，以往只有皇室貴族有資格配戴，它亦曾是埃及豔后最鍾愛的寶石。羅馬時期，祖母綠則被視為代表女神維納斯的顏色，因為它的綠會隨著光線微妙變化，就像女神的雙眸，溫柔中又帶點讓人驚艷的光澤。此外祖母綠也有象徵和平、穩定之意。

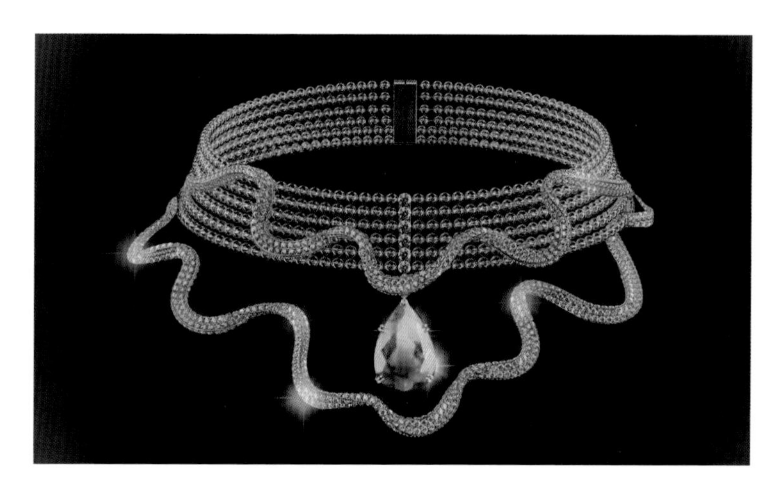

圖：杜拜國際珠寶設計大賽得獎作品
設計師：蕭曼妃

 石語：美好、健康、愛、幸福

六月誕生石
BIRTHSTONE
JUNE

珍珠
PEARL

珍珠是大自然的璀璨奇蹟，作為大海慷慨的餽贈，百年來一直深受女人們喜愛，如落入凡塵的夜空明月，是美、柔情、純潔、優雅的最佳釋意。珍珠「Pearl」由拉丁文「Pernulo」而來，意為「高貴大方」，自古被認為是諸神對大地的祝福。珍珠屬於有機寶石類，常見於高級珠寶設計中，有著高貴、健康、純潔及長壽寓意，也適合各年齡層配戴。

 石語：長壽、幸福、圓滿

石語：健康、長壽、富貴、純潔的愛

月光石輕亮如銀月般的外觀，傳說中，是月亮之神賜給人類的禮物，自遠古就被用於飾品上；有人認為中國古代的和氏璧，其實就是月光石。帶著「月光效應」的月光石，閃耀著朦朧光芒。彷彿帶著神祕而不可抗拒的力量。傳說中，月圓時候，佩戴月光石能遇到好的情人，因此，月光石被認為是友誼與愛情的象徵，是送給摯愛的最佳「情人石」。

六月誕生石
BIRTHSTONE
JUNE

月光石

MOONSTONE

七月誕生石

BIRTHSTONE

JULY

紅寶石

RUBY

紅寶石「Ruby」源於拉丁文「Ruber」，代表著紅色的意思，在聖經中紅寶石是所有寶石中最珍貴的。做為浪漫代表的紅寶石，鮮豔的紅，總讓人們把它與愛情聯繫在一起，因此被譽為「愛情之石」，象徵愛情的美好、永恆與堅貞；在歐洲皇室的婚禮上，紅寶石常被視為婚姻的見證。寶石權威 Eduard Gubelin:「火焰般燃燒的烽火臺」這麼描述紅寶石。

石語：熱情、純愛、永恆的生命、財富

八月誕生石

BIRTHSTONE

AUGUST

橄欖石

PERIDOT

橄欖石的英文名為「Olivine」，寶石級的橄欖石為「Peridot」源於法文，因顏色如橄欖，從淡黃綠至亮麗的綠色以及褐綠色均有，在幽暗的光源下顏色酷似祖母綠，也有「黃昏的祖母綠」之稱，是常見的寶石之一。橄欖石大約是三千五百年以前在古埃及被發現的，埃及人稱橄欖石為太陽的寶石，相信它擁有太陽的力量，佩戴它的人可消除夜間的恐懼，保持正面思考，勇於面對挑戰！

石語：熱誠、幸福、和平、夫妻間的愛

藍寶石

SAPPHIRE

藍寶石被喻為來自天國的寶石，其美麗又晶瑩剔透的色彩，從古至今彰顯著神祕與超自然傳說，象徵永恆忠誠、高貴、仁慈、是吉祥之物。深藍色象徵堅定不渝的心，代表一心一意的真愛，因此用藍寶石做為訂婚戒，相當受新人的歡迎。星光藍寶石又被稱為「命運之石」，有著許多迷人的傳說，並守護佩戴者平安好運。

石語：慈愛、誠實、忠貞

圖：TTF 狗年國際生肖大賽得獎作品
設計師：蕭曼妃

十月誕生石
BIRTHSTONE
OCTOBER

圖：蛋白石
設計師：蕭曼妃

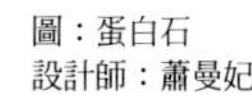

蛋白石
OPAL

Opal 源於拉丁文「Opalus」，意思是「珍貴的寶石」，人們也深信配戴蛋白石，可以帶來守護的力量。蛋白石最大的特色是沒有固定形狀，在光線照射下，可見如彩虹般的游彩效果，這是至今為止唯一能展現出如彩虹般色彩的寶石；因而被稱為「Queen of gems」。承載著女王光環，作為十月的誕生石，蛋白石自古就被視為希望、無邪、純潔與愛情的象徵。

 石語：希望、健康、忠誠、自信

十月誕生石

BIRTHSTONE

OCTOBER

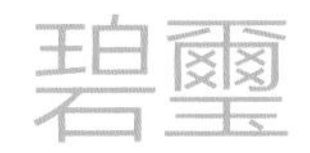

TOURMALINE

碧璽又名電氣石，其繽紛色彩令人驚豔，猶如落入人間的彩虹；碧璽可以說是自然界中色彩最豐富的寶石之一。慈禧曾說：「如果女人一生只能擁有一件珠寶，那麼必須是碧璽。」可見碧璽的珍貴與其在女人心中無可撼動的珍貴。

 石語：潔白、忍耐、喜樂

十一月誕生石

BIRTHSTONE

NOVEMBER

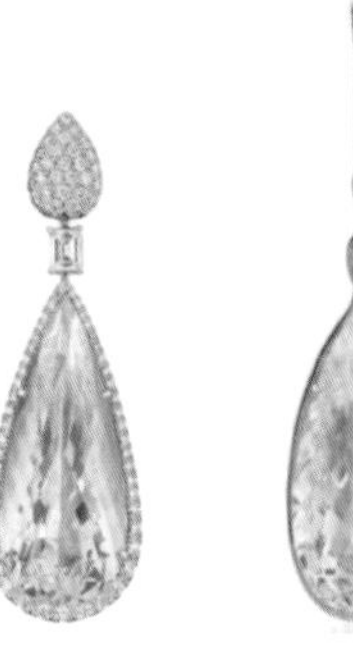

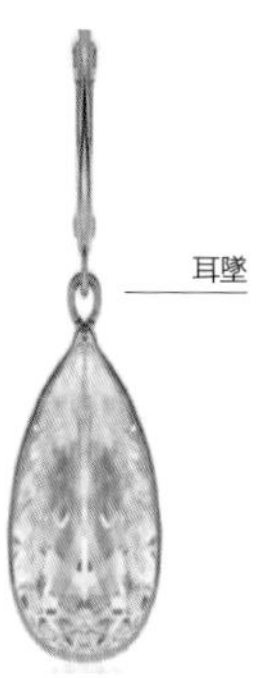

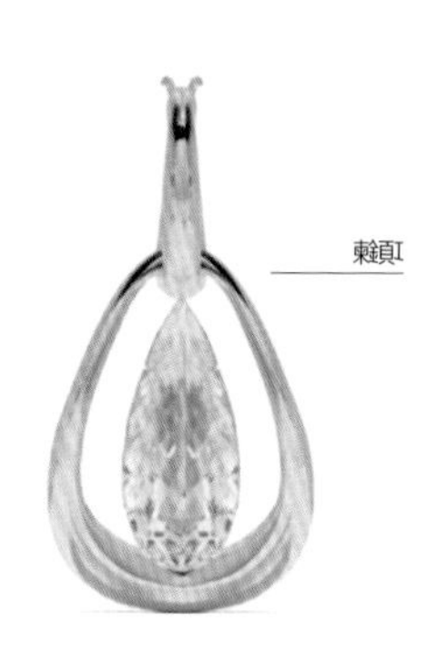

圖：無燒托帕石
設計師：蕭曼妃

藍色托帕石

TOPAZ

極具異國浪漫又有情調的名字，訴說這寶石的神祕來歷。「Topaz」意為「難尋找」，是源於紅海的一個小島，因該島長年籠罩大霧不易被發現而得其名。配戴藍色托帕石，如同帶著指引朝目標邁進，有助於提升工作、愛情、人緣和好運氣，象徵友誼與幸福！

石語：友情、希望、潔白、喜悅、財富

十二月誕生石
BIRTHSTONE
DECEMBER

土耳其石

TURQUOISE

又稱綠松石，有趣的是土耳其不產綠松石，推測應是古代波斯出產經土耳其運往歐洲，讓人們以為產於土耳其而得名。古印地安人則把綠松石當作聖石，他們認為佩戴土耳其石飾品能得到神靈的護祐，給遠征的人帶來吉祥與好運！

石語：好運、魅力、成功、勝利

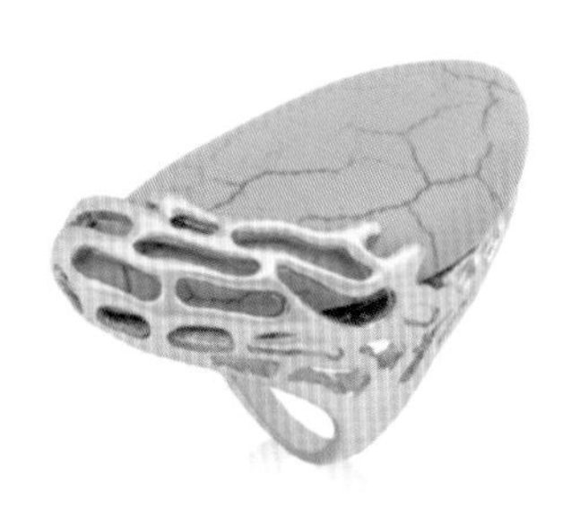

設計師：蕭曼妃

十二月誕生石

BIRTHSTONE

DECEMBER

坦桑石

TANZANITE

坦桑石又稱丹泉石；1967年在非洲坦桑尼亞的梅勒拉尼山Merelani，首次發現並依此命名，之後經由美國珠寶商蒂芙尼Tiffany&Co的採用，使坦桑石的美被發掘，進而成為人氣寶石。依據角度或光線反射，會呈現不同色彩（常見如藍色、綠色、紫色），像極了晚霞映在天空的顏色。

石語：冷靜、高貴、自豪之人

十二月誕生石
BIRTHSTONE
DECEMBER

青金石

LAPIS LAZULI

青金石散發的深邃藍光非常迷人，深藍色帶有天然金色、白色點的寶石，彷彿星光璀璨的夜空。雖不像許多寶石那樣擁有晶瑩剔透光彩，但其自身卻充滿神秘貴氣。在古代皇家服飾與雕刻精品上占有舉足輕重的地位，也是最常見的寶石之一。

石語：健康、幸運、真實，心靈的守護

CHAPTER ♥ 3-3

東方珠寶之美

THE BEAUTY OF ORIENTAL JEWELRY

所謂的彩色寶石，是指鑽石之外的天然寶石，

除了上一章節的誕生石，在珠寶世界用來做爲裝飾的寶石就有近百種，

接下介紹以下幾款非常熱門的寶石種類。

ELEGANT
CORAL

優雅浪漫｜珊瑚

珊瑚象徵高貴與權勢，自古就備受皇室宮廷的喜愛
天然珊瑚常見的顏色有紅色、粉紅、桃紅，色澤鮮豔美麗，
珊瑚也是佛教七寶之一，有著吉祥富貴、平安幸福的象徵。
可製作成珠寶的珊瑚，都生長在110~1800公尺水深，
世界上80%的珊瑚珠寶來自台灣。
珊瑚也屬於有機寶石，形狀多變、不規則，易於激發
設計師想像力，在時尚界廣受歡迎。

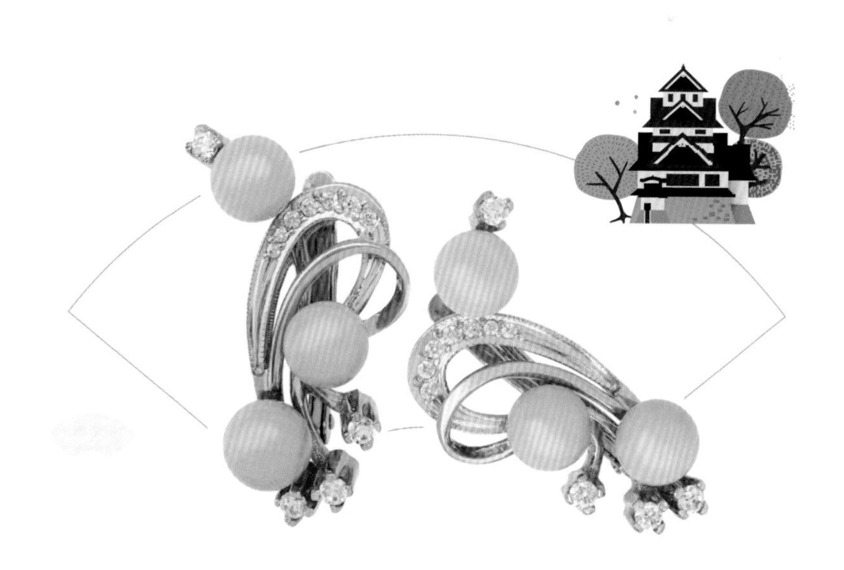

ELEGANT
AGATE

雋永典雅｜瑪瑙

瑪瑙Agate來自希臘文的拉丁字，
是源自發現地義大利西西里島River Achates。
天然瑪瑙呈現多層次紋路，無法輕易被看透，
帶有神祕夢幻的感覺。
瑪瑙的等級以顏色區分，其中以紅瑪瑙(南紅)最爲罕見，
瑪瑙色澤極似台灣珊瑚，深受大牌精品歡迎，
常用於高級首飾，是非常討喜的珍寶。
瑪瑙具有大量正向能量，亦被列爲佛教七寶之一。

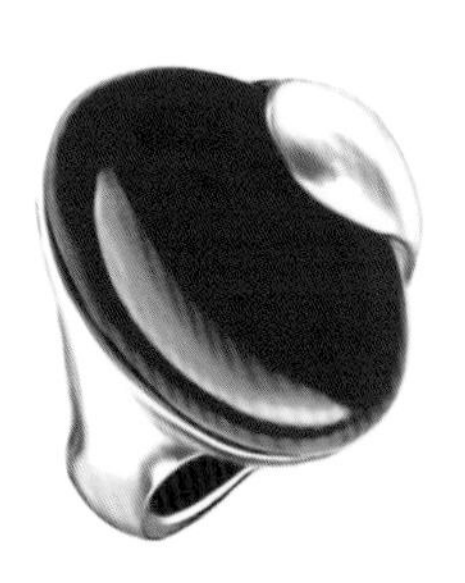

圖：南紅瑪瑙戒
設計師：蕭曼妃

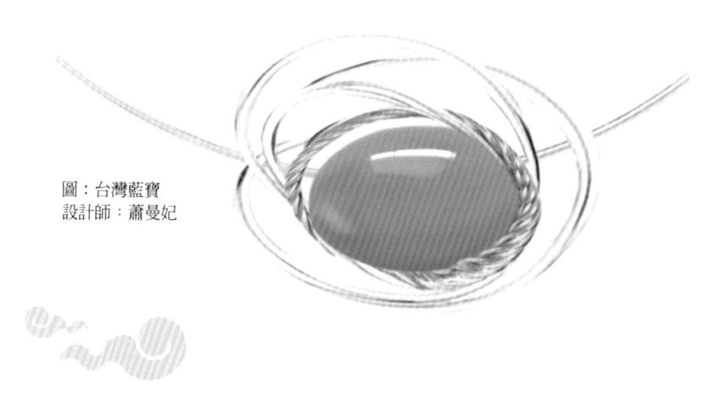

圖：台灣藍寶
設計師：蕭曼妃

TAIWAN
BLUE TREASURE

渾圓魅力｜台灣藍寶

台灣藍寶發現於台灣東部，
被譽為「福爾摩沙最美麗的寶石」，屬於藍玉髓的一種。
寶石外觀質地溫潤，有種自帶溫和光芒的氣質。
顏色從藍綠到綠藍分布，會令人聯想到天空、海洋、湖泊，
讓人心情放鬆。

我非常喜愛台灣藍寶，也許是鍾愛它優雅柔和的色調，
也可能是其為少數代表台灣寶石之一，更珍貴的是不論產地在哪，
都是極為稀少的脈礦。從不同光源角度觀看，
寶石所散發的光澤也會有所不同，非常值得
珍藏或訂製成高級珠寶首飾。

圖：台灣藍寶
設計師：蕭曼妃

圖：上海國際珠寶設計大賽得獎作品
設計師：蕭曼妃

MYSTERIOUS
JADEITE

神祕古著｜翡翠

被譽為「天之石」的翡翠，在東方文化中
有著深遠意義，更是深受清代皇室喜愛。
而自古就被認為是吉祥之物的翡翠，
有純淨堅忍與智慧充滿的象徵，不少人認為翡翠
也有保平安，消災避邪的功效。

圖：翡翠戒指
設計師：蕭曼妃

追求時尚美
不可不知的首飾

飾品配戴技巧

PREFACE

4

jewelry cheat sheet

飾品配戴技巧

HOW TO WEAR JEWELRY

人類從什麼時候開始佩帶首飾？最早可以追溯至史前時期的石器時代，當時人類會將動物的牙齒、貝殼等物件佩掛在身上，一開始是作為防禦用途，爾後才演變為裝飾品。

自從人類懂得透過飾品美化自身起，珠寶首飾的佩戴，即成為個人財富與社會階級的象徵。飾品該怎麼戴？其實只要你喜歡，全身任何部位都可以戴首飾，因此為因應市場所需，商家在設計上也不斷延伸出種類繁多的各類商品。

常見飾品可分為：項鍊、戒指、耳環、腕飾、別針等，而不同類別的飾品該如何搭配才能揚長補短？如果一次將所有的飾品全戴上身，不僅無法增加時尚感，甚至看起來會像張揚的暴發戶。

過度的裝飾，是指飾品種類佩戴過多款式。尤其近年來混搭風潮席捲，因此更要留意飾品種類的比例原則，否則很容易讓整體顯得突兀又不協調。繁瑣配飾固然豐富，卻常會讓人抓不到重點，因此要如何利用飾品搭出獨一無二屬於自己的風格，學會配戴技巧，才是決勝點！

簡約卻不簡單的配戴

HOW TO SELECT BASIC JEWELRY

把握飾品配戴技巧，
就算極簡的單品也能顯現出
自己的特點！
像是給人第一印象的臉部，
最好只搭配一件飾品，讓臉部的
特點能俐落展現。
假如要在同一個區域配戴兩種
以上的配飾，則建議可拉開
配戴的位置，並且多留意整體
的比例和位置，就能避免互相干擾，
讓每件飾品提亮自己的整體造型。
畢竟，我們所擁有的每件飾品
都是因為喜歡才購買，
所以透過正確的佩戴方式，
讓珠寶飾品們為自己
增加品味與時尚感吧！

CHAPTER ♥ 4-1

最佳項鍊的黃金位置

GREAT LENGTHS

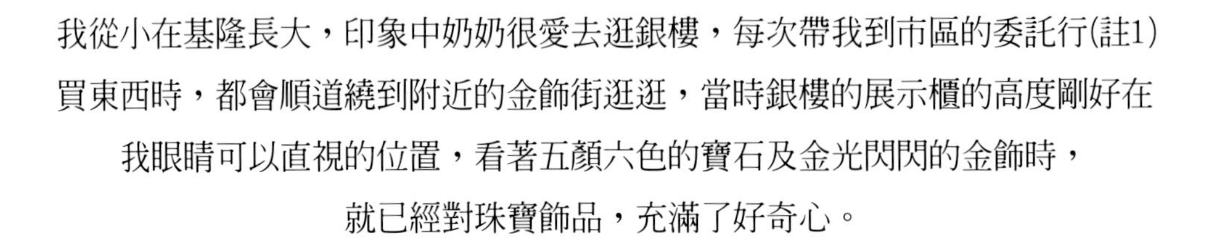

我從小在基隆長大，印象中奶奶很愛去逛銀樓，每次帶我到市區的委託行(註1)買東西時，都會順道繞到附近的金飾街逛逛，當時銀樓的展示櫃的高度剛好在我眼睛可以直視的位置，看著五顏六色的寶石及金光閃閃的金飾時，就已經對珠寶飾品，充滿了好奇心。

還記得奶奶送我第一條輕珠寶項鍊，18k 鑽石項鍊，當時我如視珍寶幾乎是天天戴著。一條經典款項鍊，可說是輕珠寶入門的首選；也是最常見的日常佩戴了，戴在脖子上與臉部位置極爲貼近，除了美觀，也可以有修飾臉型、身型的效果。

圖：奶奶送我的 18k 鑽石項鍊

註❶委託行街區是早期基隆火車站附近的熱鬧商圈。專門販售舶來品、國外進口貨的精品店。在戒嚴時期進口外國商品不易，必須透過特定窗口才能購買到歐洲、日本、美國等舶來品，委託行就是這樣而誕生的。

項鍊長度分類名稱

你是否曾留意過項鍊佩戴起來的長度會落在哪裡？
由於每個人的脖子、臉型與身型不同，加上衣服的穿搭，
項鍊的長度與款式就顯得相當重要，
選對項鍊，便能展現高貴優雅的天鵝頸；
反之則可能會讓比例看起來不協調，甚至時尚感盡失！

項鍊長度有多重要呢?

種類	尺寸規格	名稱
頸鍊 /CHOKER	14 英吋	脖鍊、貼頸鍊、高頸鍊
公主鍊 /PRINCESS	16-18 英吋	日間鍊
馬汀尼鍊 /MATINEE	16-24 英吋	套鍊的規模形式
歌劇鍊 /OPERA	21-32 英吋	禮服鍊
超長型項鍊 /ROPE	34 英吋	結繩

※ 一英吋等於 2.54 公分

項鍊長度分類名稱

Choker

頸鍊／CHOKER

小於35cm / 14英寸

頸鍊是項鍊類別中最短的類型，長度大約可繞頸部的一圈，約 30-36 公分之間。讓頸鍊成爲一種流行，據說是 19 世紀的英國亞歷山德拉皇后，爲了掩飾脖子上的疤痕，總在公開場合上佩戴貼緊脖子的項鍊。

由於戴起來非常好看，因此頸鍊在 19 世紀末蔚為一種風尚，一路流行至今有著運用不同材質、華麗到簡約等不同款式的設計，其中最具代表性的便是黛安娜王妃的藍寶石頸鍊。

公主鍊（又稱日間鍊）長度大約為40～46公分，戴上後介於脖子到胸口之間，這個位置可以充分展現頸部優雅線條，也是展示吊墜的最佳長度。

公主鍊就像公主給人的感覺一樣，是清新秀麗的，風格也會比較年輕，非常百搭，在日常配戴亦不會顯得突兀或太過正式。

此外，也因為它配戴上不挑體型，人人都可以駕馭，公主鍊可以說是目前市面上最主流的款式之一，很適合做為第一條入手的項鍊。

項鍊長度分類名稱

Matinee

馬汀尼／MATINEE

40-60cm/16-24 英吋

馬汀尼的英文 Matinee 翻譯爲白天的音樂會或劇場，是白天社交場合的意思；主要是它的長度設計非常適合日常佩戴。

挑選馬汀尼項鍊時，要依佩戴的身高去選購，最好在佩戴時落於在胸口的上方或下方，整個人的氣場會看起來更顯得大器。

Opera

歌劇鍊／OPERA

60-80cm/24-32 英吋

歌劇鍊（又稱禮服鍊）用於正式、隆重的場合，常見於宴會穿著禮服時佩戴，早期因常與觀賞歌劇的服裝搭配，名稱便由此而來。

現在很流行的疊戴效果，其實就是由歌劇鍊演繹而來，佩戴後長度大約在胸部以下的位子，可打造出華麗氣場，成爲眾人的目光焦點，適合想盡情展現自我風格的人。

Rope

超長項鍊／ROPE

大於 85cm/34 英吋

鎖鍊（又稱結繩）是超長型的項鍊，在視覺上可以帶來誇張的感覺，因此適合簡單的服裝搭配，才不會讓整體感看起來過於雜亂。

另外，鎖鍊也比較適合身材高大的人，假如身高本身就偏向嬌小，戴起過長的項鍊會感覺稍有負擔，高挑身形配戴鎖鍊看起來則有種率性感。

選對項鍊就由衣領下手

NECKLINE CHEAT SHEET

要告別項鍊與身上衣物不搭的窘境，其實可以快速從衣領去判斷！

對許多女人而言，穿戴上華麗的禮服和珠寶是一生追求的夢想。在日常生活中，我們總會遇到參加重大活動或宴會的時刻，你是否也曾為了找到與服裝相配的項鍊苦惱？
實際上，選擇合適的飾品可以讓你在晚宴上輕鬆成為焦點。
那麼，如何挑選到正確又完美的項鍊呢？

V型領 CASE 02

帶點性感的V字領，會顯得脖子很長，要特別小心領口看起來會比較空洞，所以在選擇飾品的搭配上，以垂墜感的長鍊或Y字鍊，就能有效提升氣質。

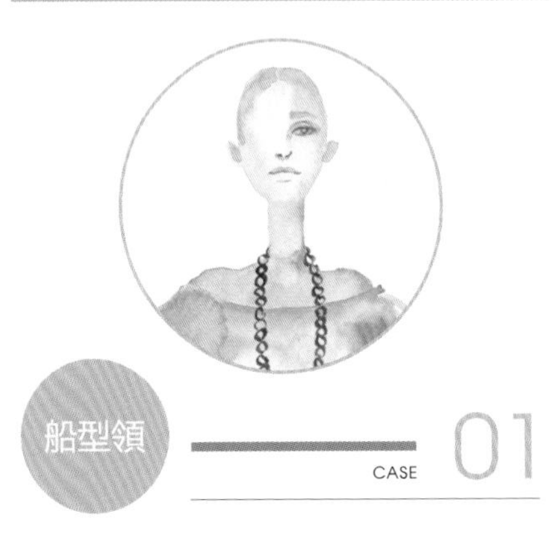

船型領 CASE 01

這款領口設計與一字領相似，但更為含蓄地展現肩部線條，因此更適宜搭配線條流暢、設計簡潔的長鍊。這樣的配飾不僅能凸顯出自然不做作的魅力，同時也綻放出時尚與高質感的光芒。

方型領 CASE 03

方領本身已有比較明確的視覺焦點，因此要避免項鍊設計中又有方形元素，長度尚以不超過領口的短鍊最搭。墜飾則以精巧設計為主，讓項鍊配戴時整體呈現V字型，視覺上便能讓臉看起更小。

面對平時較少駕馭的禮服，
要挑選什麼款式的項鍊與穿搭往往令人頭疼。

不同類型的服裝和領口都有各自有適合的項鍊款式，
以下快速分類法學起來，再也不怕在正式場合出糗囉！

小圓領 CASE 04

此款領口若與首飾搭配不好，容易頭重腳輕，可選擇款式設計較誇張的短鍊搭配，不僅能有擴大領口的效果，同時也容易讓你成為全場的焦點。

一字領 CASE 05

微露肩的款式，有大片空白可以妝點，選擇華麗短鍊、頸鍊都很適合，哪怕只是一件剪裁簡約的洋裝，也會立刻顯現重點，能襯托出裝扮者的十足品味。

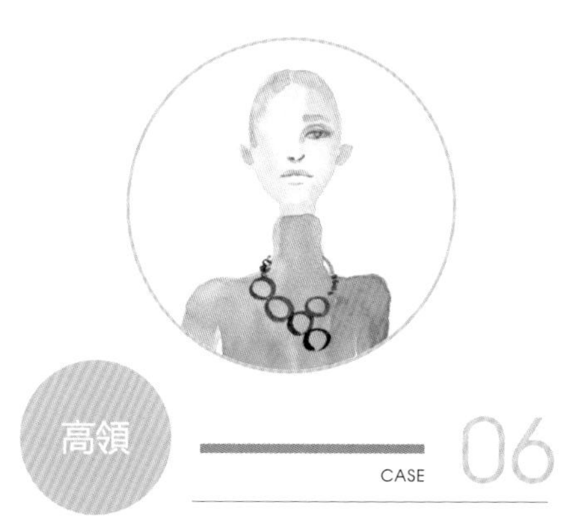

高領 CASE 06

可搭配垂墜感的毛衣長鍊、長款流蘇項鍊，瞬間提升氣質，讓整體看起來修長又優雅。

大圓領 CASE 07

可展現肩頸線條美感的領口，特別適合層疊佩戴、較為華麗的風格，可搭配立體感強的短鍊，簡潔卻耀眼奪目。

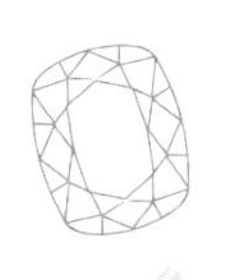

CHAPTER ♥ 4-1

項鍊選擇也有的困惑

SELECT BY FACE TYPE

很多時候，當我們看到偶像或雜誌模特兒佩戴的飾品時，經常會被那些閃亮的配件所吸引，渴望擁有同樣的款式。然而，當我們嘗試將這些飾品佩戴在自己身上時，效果卻經常大打折扣。這是為什麼呢？

其實正如前面我們所討論的：即使是同一款項鍊，戴在不同人身上也會呈現出迥然不同的風采。這是因為每個人的氣質、身形和臉型都有所不同，這些因素都會影響飾品的最終呈現效果。

到底項鍊的形式該怎麼選才適合自己？請先使用書本前面的顏型測驗了解自己的臉型輪廓，再閱讀以下針對不同臉型的項鍊穿搭建議，相信你一定能選到最適合自己的款式，讓整體風格更出色。

不同臉型怎麼選項鍊

HOW TO SELECT BY FACE SHOPE

即使是同一款項鍊，戴在不同人身上也會呈現出迴然不同的風采。

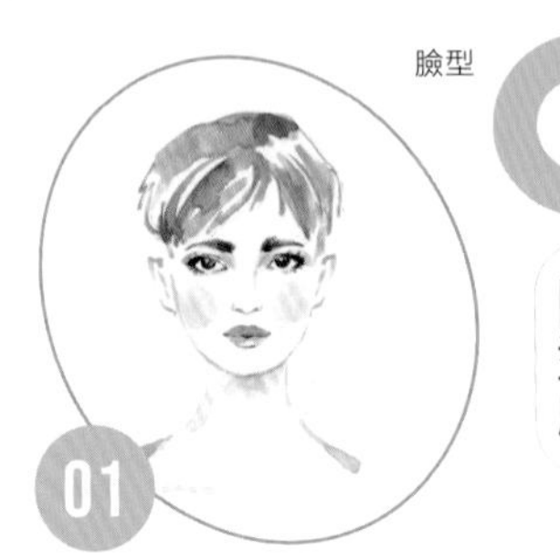

01

臉型

圓型臉

適合款式項鍊

V字形項鍊，Y字形項鍊

圓臉很可愛，但搭配到不適合的首飾，就會令臉頰看起來肉肉的。要避免配戴有大圓形狀的設計或粗短厚實的款式，視覺上看起來臉會變大且更圓。

適合精緻甜美的 V 字形、Y 字形項鍊，能中和圓臉，臉型看起來會比較瘦。

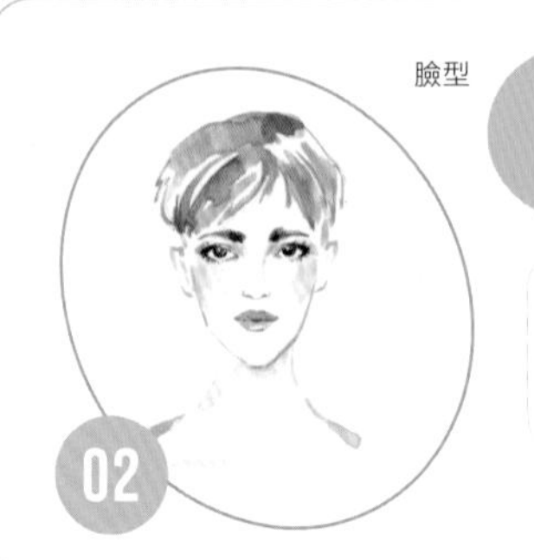

02

臉型

長型臉

適合款式項鍊

U形項鍊，短鏈項鍊

適合 U 形項鍊 短鏈項鍊臉型比例長度大於寬度 1.2 倍以上，太陽穴較窄，就是偏長的臉型。

須避免配戴 Y 字長鍊，因為臉會顯得更拉長。

開闊、橫向的 U 型項鍊或華麗有層疊感的短鍊都很適合。

03

臉型

菱型臉

適合款式項鍊

曲線圓滑項鍊，圓弧形項鍊

這類臉型比例上額較窄，下巴尖，因此適合選擇曲線圓滑的設計，不宜再選擇有稜有角，或者 V 字、Y 字形的項鍊款式，會更凸顯尖下巴；曲線柔合的圓弧形可以修飾臉型。

不同臉型遴選項鍊解決之道。

BY EACH FACE SHOP

臉型

方型臉

適合款式項鍊

串珠項鍊 / 珍珠項鍊

方臉人因為臉型偏銳利，看起來有著強大的氣場，但如果搭配不好，看起來會很嚴肅。
方臉不適合會拉長比例的 Y 字形項鍊，可以嘗試柔和的圓弧形串珠項鍊、珍珠項鍊，對於改善方臉的銳利感、緩和臉部稜角很有幫助。

臉型

倒三角型臉

適合款式項鍊

Chocker / 短頸鍊

俗稱錐子臉，下巴在整個臉型比例上較短、額頭較寬，所以忌諱靠近臉的 V 字形項鍊，會凸顯額頭更款下巴更尖的視覺。
選擇較為圓潤厚重的項鍊款式，整體比例會更協調，例如：Chocker、短頸鍊。

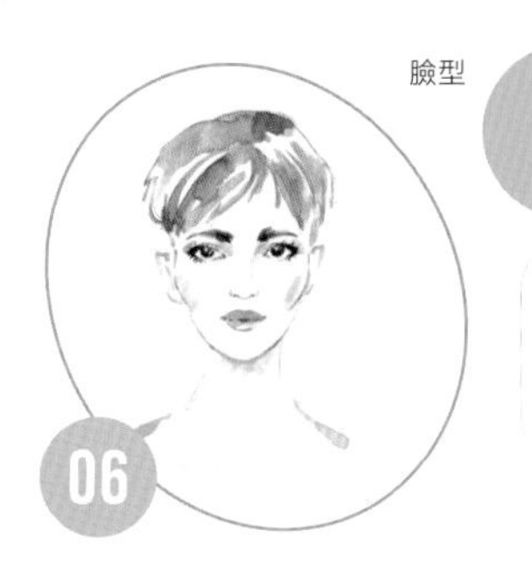

臉型

鵝型臉

適合款式項鍊

不限款式

標準臉型輪廓比例均勻，很多明星都是屬於這類的完美臉型。
基本上怎麼戴都不踩雷，百無禁忌，只要留意項鍊的設計造型優美就可以！

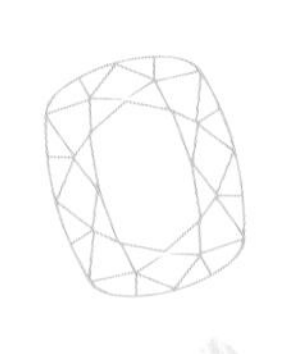

CHAPTER ♥ 4-2
挑對耳環就能瘦小臉

THE BEST EARRINGS

耳飾靠近臉部兩側，在整體形象的搭配上占非常重要的位置，
選對耳飾可以讓臉變小且展現自我風格。
如何運用耳飾配戴技巧修飾臉型？
除了參考前面章節自我檢測的風格飾品推薦外，
還可以依照臉型輪廓，選擇修飾臉型的款式。

耳飾變臉的搭配攻略

GUIDE TO MATCHING EARRINGS
FOR FACE CHANGING

臉型

款式搭配攻略

方臉不選方

方型臉

方臉的稜角明顯，不宜再配戴銳利有稜角的耳飾，看起來會很嚴肅。可以選擇幾何不規則型，甚至是稍微誇張的長耳墜型也合適；長度最好要超過下巴，可轉移視覺中心，平衡臉上銳利的線條。

臉型

款式搭配攻略

圓臉不選圓

圓型臉

圓臉原本就比較缺乏立體感，輪廓偏向柔和，因此建議選菱形或耳墜型的耳飾，能有拉長視覺的效果，中和圓臉的比例。

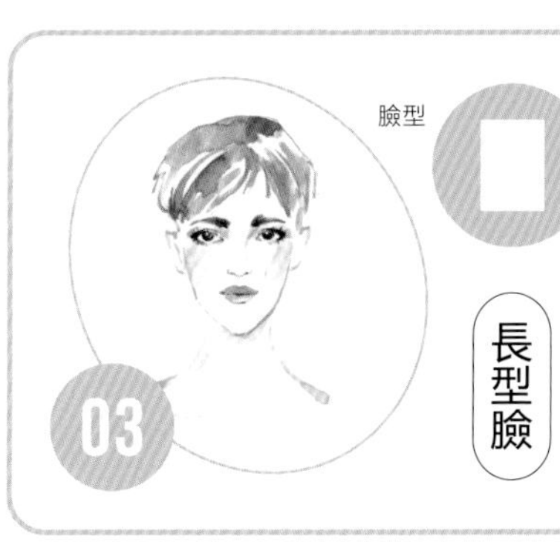

臉型

款式搭配攻略

長臉不選長

長型臉

長臉則要避免再延伸臉部的長度，因此盡量不要帶有墜子的耳飾，可選顆或橫向形狀，藉此增加視覺款度，讓臉部顯得比較飽滿一些，有助於調整臉部長短比例。

耳飾變臉的搭配攻略

EARRINGS CHEAT SHEET

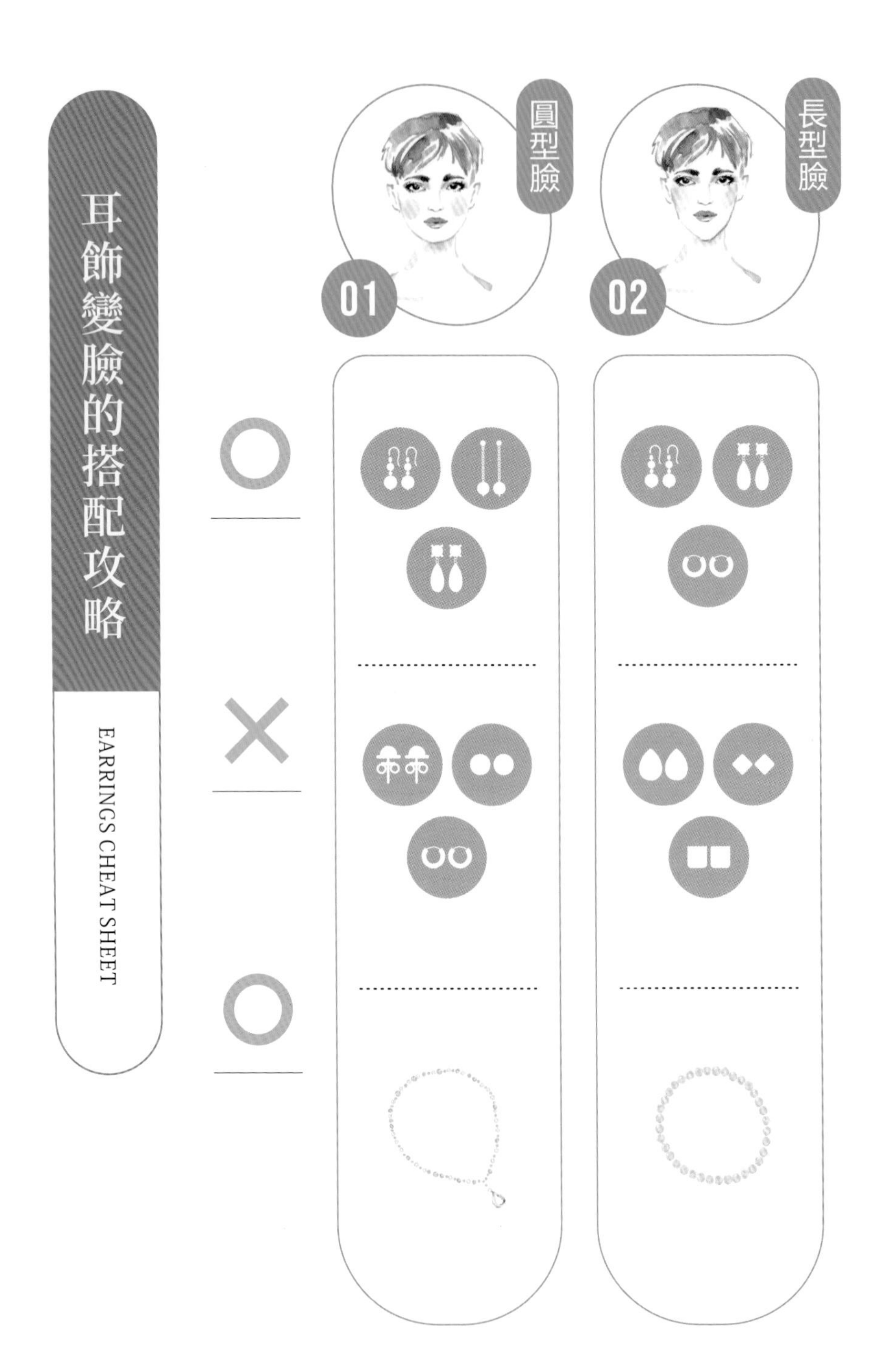

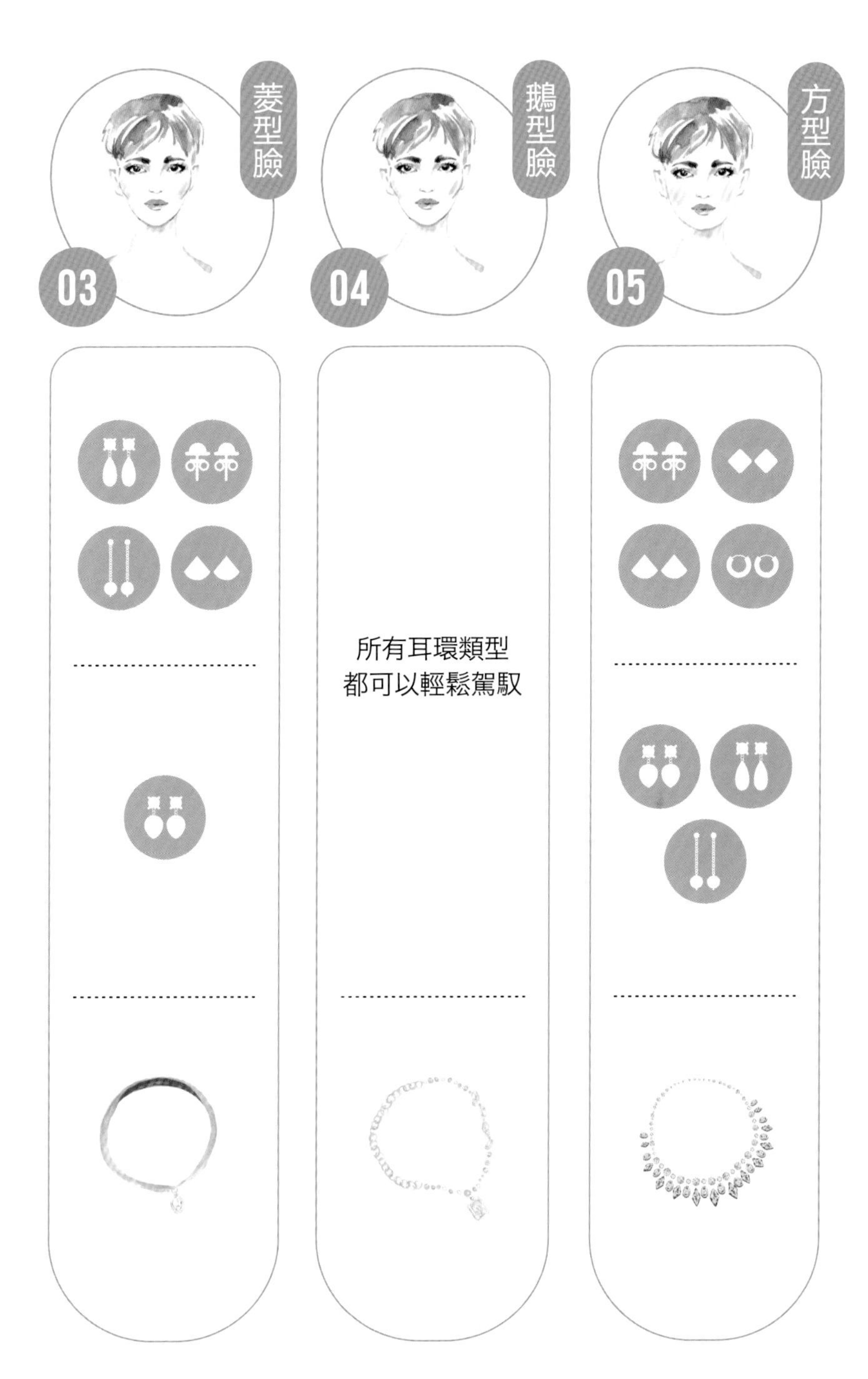
菱型臉
03
鵝型臉
04
方型臉
05
所有耳環類型
都可以輕鬆駕馭

CHAPTER ♥ 4-3

戒指怎麼戴意義大不同

HOW TO WEAR RINGS

知道婚戒爲什麼是戴在左手的無名指上嗎？有一個很浪漫的傳說是：
「無名指有一條直通心臟的血管，是離心臟最近的手指。
將定情的信物佩戴在無名指上，意喻心繫彼此。」

戴在手上的戒指，除了左手無名指代表婚姻狀態外，其實每個位置都有想表達的象徵意義，比如說；戴在右手小指的俗稱尾戒，可以防小人；
戴右手中指是招財……等，累積財富、提高財運。

想要展現自我，讓戒指爲自己代言，也避免戴錯的尷尬，
正確配戴位置不可不知！

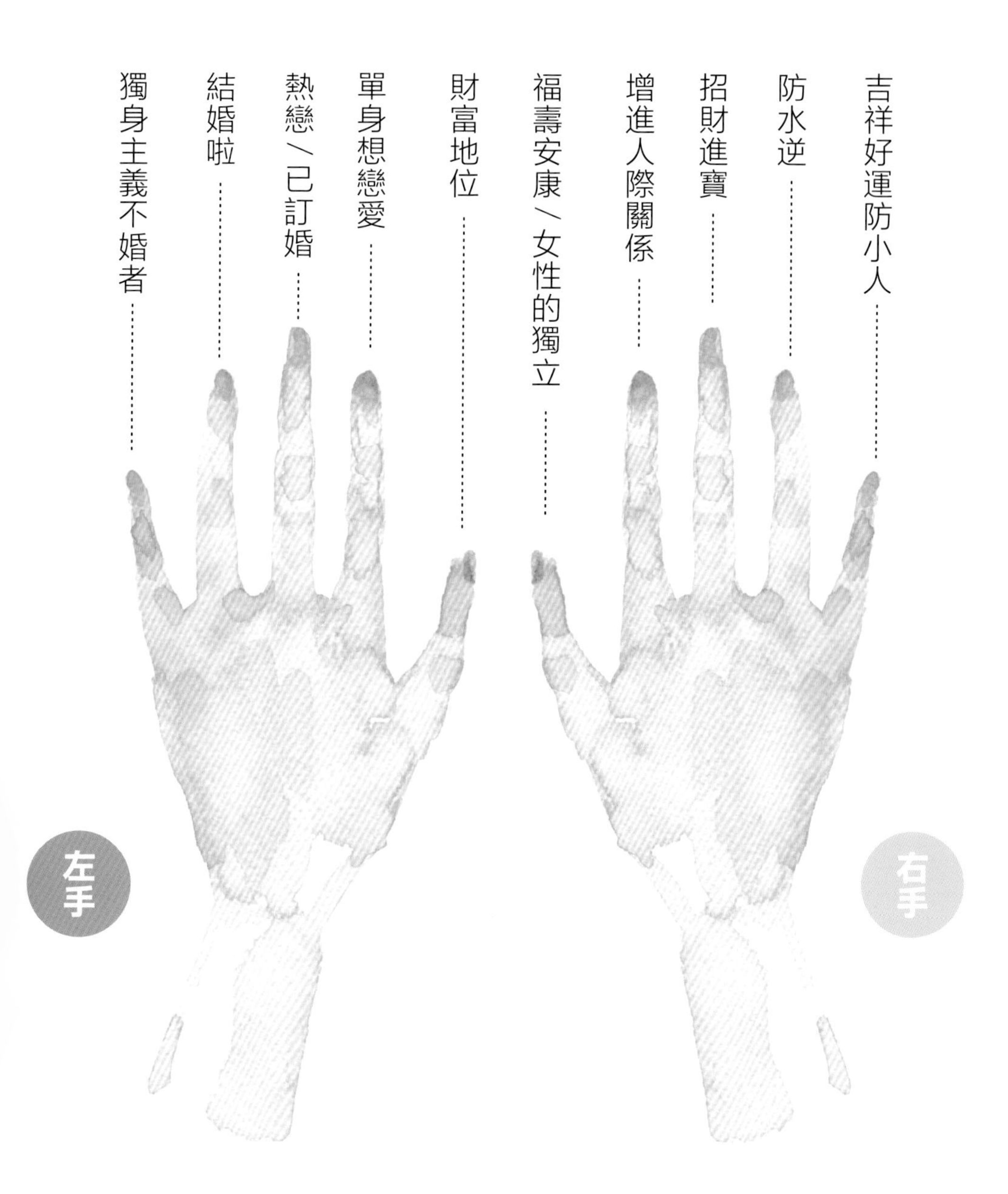
吉祥好運防小人
防水逆
招財進寶
增進人際關係
福壽安康／女性的獨立
財富地位
單身想戀愛
熱戀／已訂婚
結婚啦
獨身主義不婚者
右手
左手

在指間最平衡的美學配戴
史上最全戒指配戴法

雖然戒指戴在哪裡都有其含意，但時尚與美麗該如何兼顧？

超過一個以上的戒指該如何配戴呢？

我們特別整理出以下三種絕不會出錯的戒指戴法。

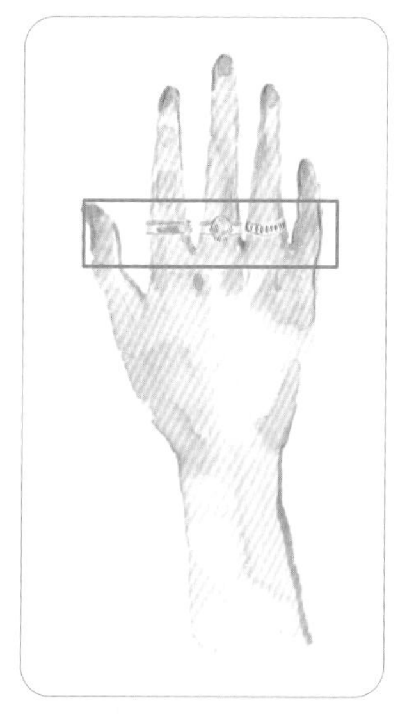

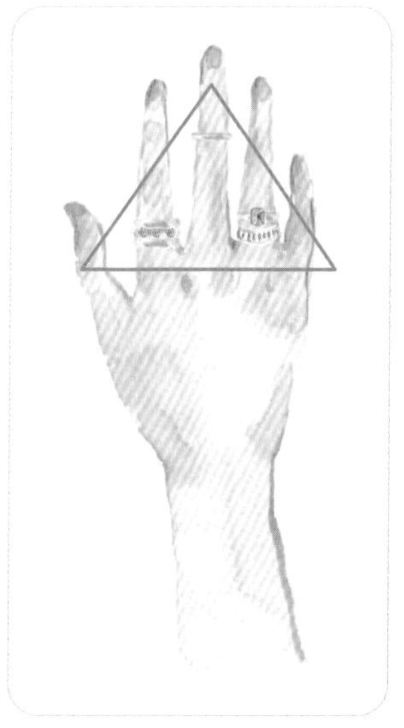

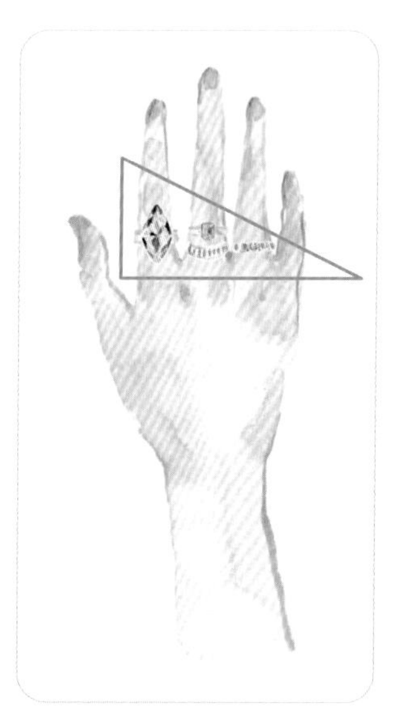

一字型直線排列

將三只一樣寬的戒指呈一直線配戴，最簡單且好看的戴法。

完美三角形

分別將兩只戒指，配戴在食指和無名指，中指則戴指節戒，使戒指形狀呈現正三角形，讓手指看起來更修長很時尚的戴法。

直角三角形

食指可以配戴大寶石或寬戒，中指戴中寬戒或疊戴兩只戒指(增加視覺寬度)，無名指則戴最細的戒指，直角三角形的比例，看來氣場十足。

GEOMETTY OF RINGS

Ring
stack by style

Mix

混搭風正夯的時尚美戒

選擇類似款式層層疊搭

類似款(疊搭)疊戴一指
會比配戴單一戒指更有層次感。

Mix

寬戒與細戒相互搭配

適合手指纖細的女生，記得寬戒在底
細戒在上才能搭出時尚感

採取平行佩戴法

在2-4指各佩帶一只戒，讓手部視覺感更豐富且以同色系做搭配，才能完美融合。

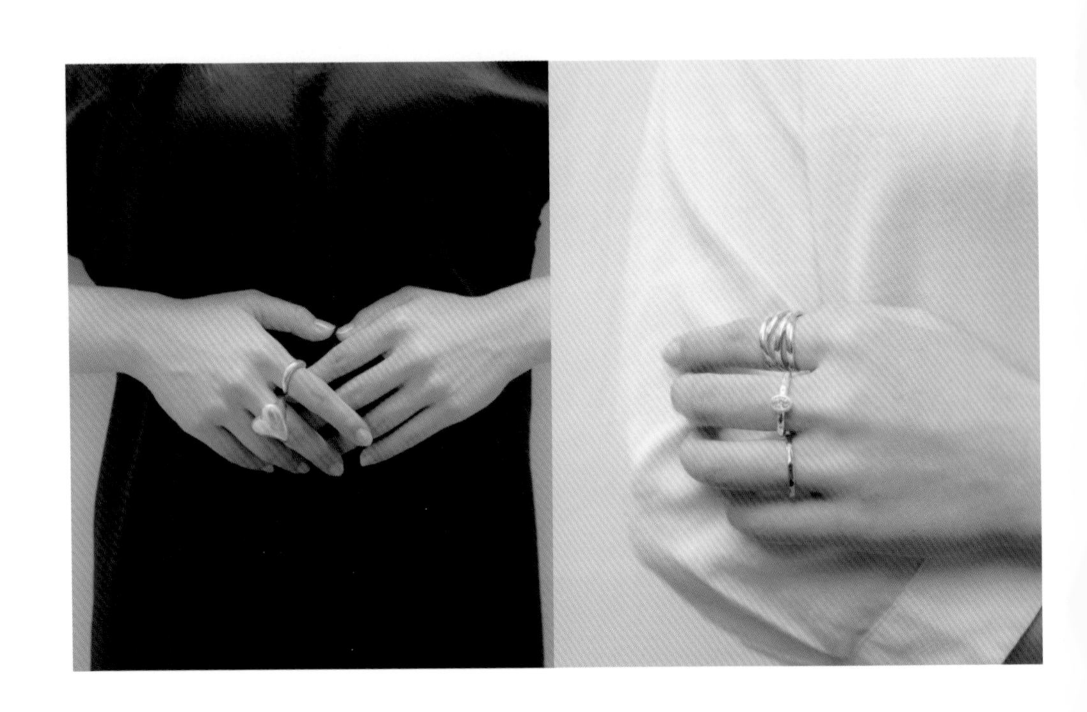

以相同色系的戒指為主

選擇同一金屬色，但不同形狀款式的戒指，
會讓人看起來更有個性。

Geomety of Rings

搭配關節戒指

配戴在靠近關節位置，關節戒的戒圈設計較為纖細簡約，能與其他的戒款搭配，創造出一種時尚感，也會讓手指看起來更纖長

CHAPTER ♥ 4-4
舉手投足間的魅力腕飾

HOW TO WEAR BRACELETS

戴在手腕的飾品可分爲手鍊、手環、手錶、串珠等類型，
個人適合的佩戴款式，一樣取決於風格與骨骼的分析。
因此以下此章節準備了分析手部骨骼的小測驗，照著做就能快速得
知自己的手部骨骼類型，以及適合的手腕飾品種類喔！
而除了透過簡易的自我檢測來分析，也可以諮詢專業的形象規畫師，
結果將會更精準。

分析重點

分辨不出來時，觀察別人的骨架特徵，比較一下最清楚：
快來掌握每個部位的重點吧

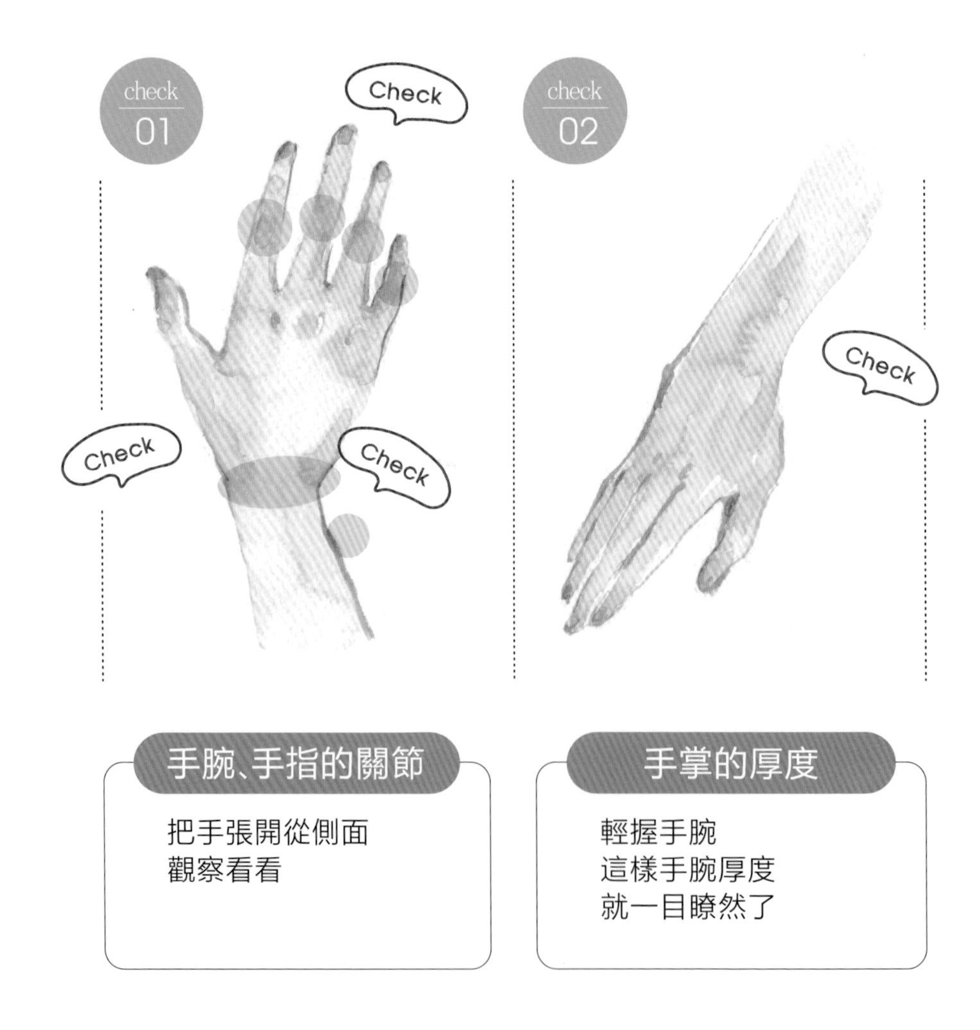

手部骨骼分析

透過幾個簡單問題自我診斷，A、B、C 哪一種選項比較多呢？
最多的就是妳的手部骨骼類型

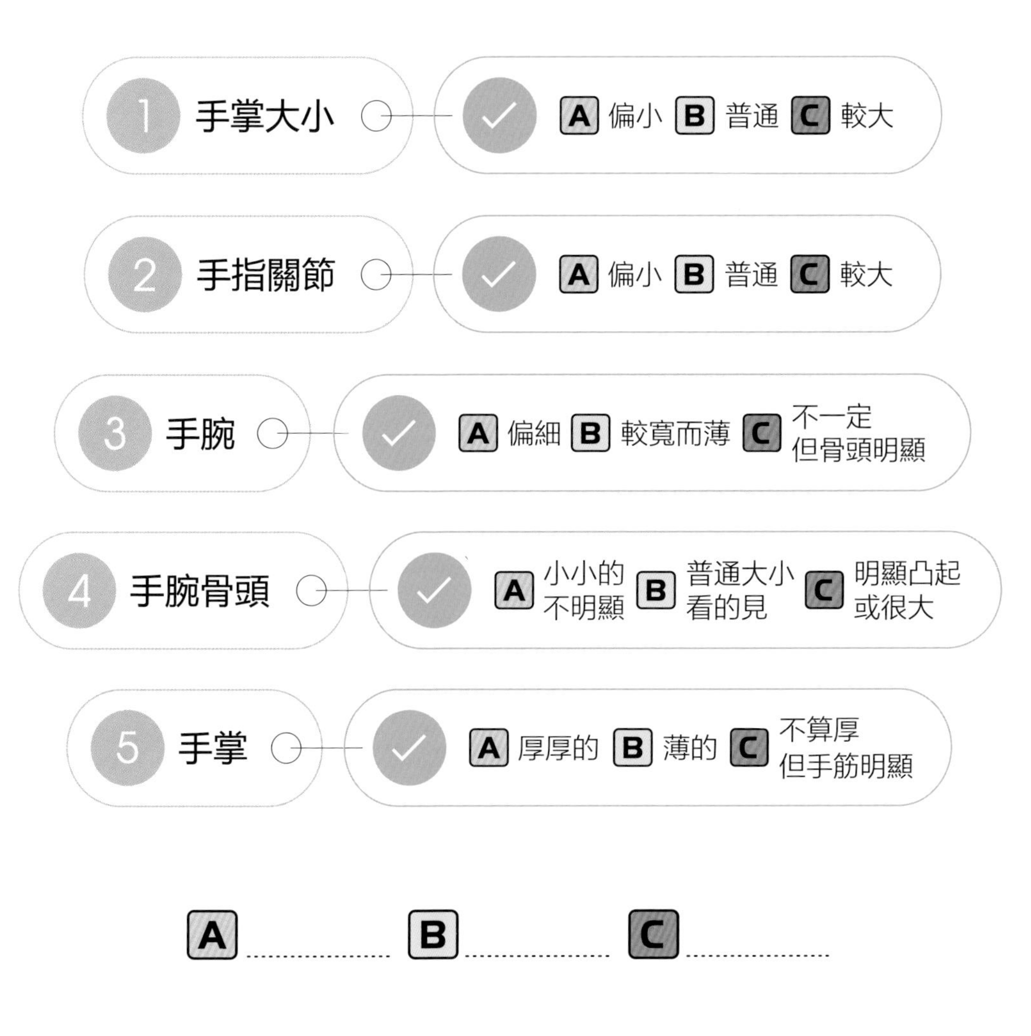

A ………… B ………… C …………

簡單測試結果分析

ANALYSIS OF SIMPLE TEST RESULTS

柔和型較多  選擇較多	適合普通～偏細的手鍊、手鐲，像是美人鐲、貴妃鐲；如果配戴串珠，尺寸建議小於 8mm。柔和型本身骨架小，要選擇小巧纖細精緻的腕飾，才不會有小女孩偷帶媽媽飾品的違和感。
標準型較多  選擇較多	由於手部骨架大小很平衡，在腕飾的選擇上比較沒有限制，可參考整體的風格類型，去選擇適合的腕飾即可。
陽剛/銳利型較多  選擇較多	骨架較具分量感，因此適合有分量的腕飾例如：帶點厚度的手鍊、手鐲，福鐲、工鐲、平安鐲、公主鐲等，串珠尺寸要大於8mm。配戴有線條設計感款式顯得大方；太小或太細的款式沒有存在感，還會讓手看起來更粗更肉。

如何測量手環尺寸

HOW TO MEASURE THE SIZE
OF A WRISTBAND

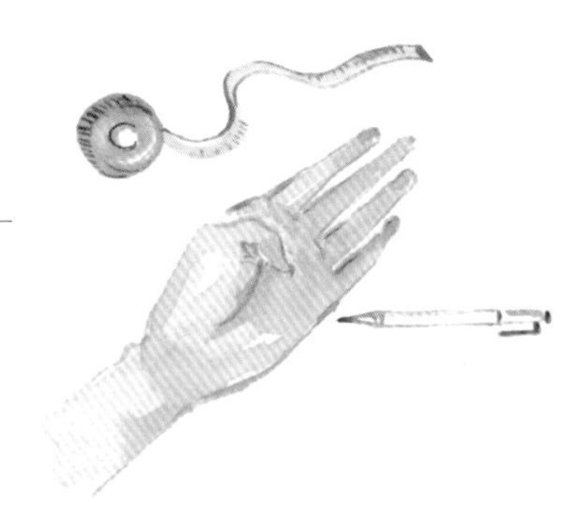

居家手鐲尺寸測量法

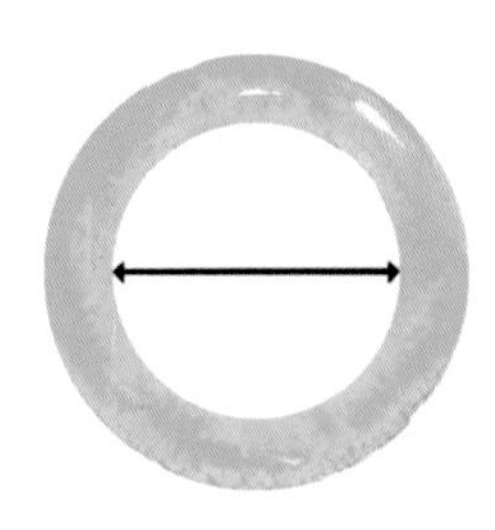

手鐲測量，需要從手掌最寬處計算手鐲內徑

用原有的手鐲測量也是一種方式

手掌寬度 直尺測量 / mm	手握周長 棉線 / 皮尺測量 / mm	手鐲內圈直徑 mm	貴妃鐲內圈直徑 mm
62-66	135-160	50-52	51-54
66-70	160-170	52-54	53-56
70-74	170-180	54-56	55-58
74-78	180-190	56-58	57-60
78-82	190-210	58-61	59-62
82以上	210以上	61以上	62以上

手鐲內圈直徑	50.0mm	52.0mm	53.5mm	55.0mm	56.5mm	58.0mm
號碼	16	16.5	17	17.5	18	18.5
手鐲內圈直徑	59.5mm	61.0mm	62.5mm	64.0mm	65.5mm	67.0mm
號碼	19	19.5	20	20.5	21	21.5

CHAPTER ♥ 4-4

手鐲款式妳都知道嗎？

STYLE OF JADE BANGLES

手鐲（Bangle）是一種戴在手腕上的環形飾品，材質包含金屬、玉石、寶石或合成材料等；其中玉鐲是最受東方人喜愛的款式。

雖然都是玉鐲，卻因爲形狀不同而有不同的含義，同時也會襯托出不同的手型與骨架的美感。相信有很多人分不清手鐲的種類，也不知道自己適合佩戴哪種手鐲？因此特別以切磨的形狀來畫分，分爲福鐲、平安鐲、貴妃鐲、美人鐲、公主鐲、工鐲、雕花鐲…等不同款式的手鐲和其背後不同的寓意介紹。

相信在完全瞭解之後，就能做出選擇最適合自己的玉鐲了。

福鐲 \ BANGLE OF FORTUNE

適合手型 ｜ 手腕骨架大或有肉的手型

適合手部骨骼 ｜ 銳利型

福鐲（又稱圓條鐲）是最爲傳統經典的手鐲款式，看上去圓潤飽滿，外圓、內圓、環圓可謂是三圓合一。因此又稱爲「圓條鐲」，象徵著事業和生活都圓圓滿滿。由於鐲型厚實飽滿，寓意爲人、做事踏實牢靠。此款式較適合手腕骨架大或有肉的手型。

平安鐲 \ BANGLE OF PEACE

適合手型	手腕骨骼較粗或手掌肉感
適合手部骨骼	銳利型

平安鐲鐲框口爲正圓形，梗條橫切面近半圓形，又被稱爲「扁條鐲」，形態內平外圓，整體造型像馬鞍，故取諧音稱爲「平安鐲」寓意平平安安。平安鐲給人溫潤可親，適合各年齡層佩戴，是市場上最流行的款式。

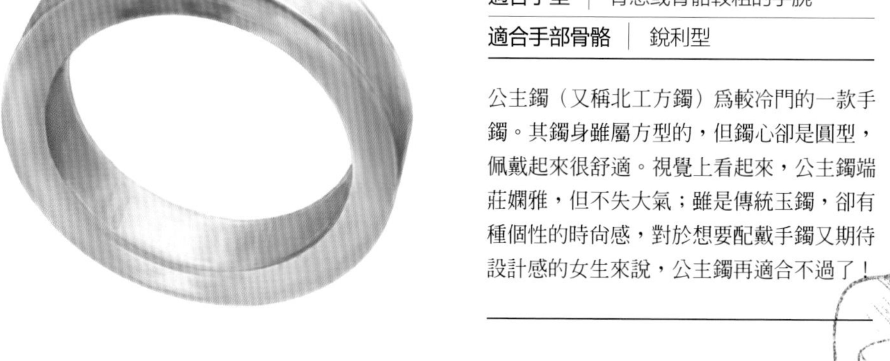

公主鐲 \ BANGLE OF PRINCESS

適合手型	骨感或骨骼較粗的手腕
適合手部骨骼	銳利型

公主鐲（又稱北工方鐲）爲較冷門的一款手鐲。其鐲身雖屬方型的，但鐲心卻是圓型，佩戴起來很舒適。視覺上看起來，公主鐲端莊嫻雅，但不失大氣；雖是傳統玉鐲，卻有種個性的時尚感，對於想要配戴手鐲又期待設計感的女生來說，公主鐲再適合不過了！

貴妃鐲 \ BANGLE OF BEANTY

適合手型	纖細的手腕骨架
適合手部骨骼	柔和型

貴妃鐲型態上也是內平外圓，但整體造型更呈橢圓形或扁圓形，因此比較貼合手腕，特別適合手萬纖細、身材苗條的女孩，會散發出一股柔美婉約的氣質。據說唐代楊貴妃最愛的就是橢圓形的手鐲，因此後來便將橢圓形的手鐲稱作「貴妃鐲」。

美人鐲 \ BANGLE OF FAIR LADY

適合手型	手指細長、手腕小、小巧手型
適合手部骨骼	柔和型

美人鐲（又稱南工鐲）其外形和福鐲極爲相似，內圈、外圈都屬圓潤型；唯一不同的是美人鐲的條杆非常細，大概只有福鐲條杆的三分之一，佩戴時。由於款式細，適合手腕骨架小的年輕女性，也可以在一隻手上疊戴兩只美人鐲，寓意好事成雙。

麻花鐲 \ BANGLE OF TWIST ROLL STYLE

適合手型 ｜ 任何手型都適合

適合手部骨骼 ｜ 銳利與柔和型皆可

麻花鐲顧名思義是看起來類似麻花的手鐲，這種鐲子一開始是仿製銀鐲的麻花杆式樣，類似將福鐲那樣的圓鐲進行加工。表面造型係由工匠以雕刻工藝將手鐲雕刻成麻花形，看上去優雅大方；在中國北方稱爲「麻花」南方有稱爲絞絲之稱。

工鐲 \ BANGLE OF SCULPTURES

適合手型 ｜ 手型大的人，可讓其看來纖細

適合手部骨骼 ｜ 銳利型

工鐲可以泛指經過雕琢後的鐲子，花樣很多通常會是雕花、龍鳳等有吉祥寓意的圖案。但其實是因爲手鐲的材料有瑕疵，才會請工匠在表面加工；不過也因此成爲了獨特的藝術品。佩戴起來端莊大方，適合手型大的人有著讓手腕看起來相對纖細的視覺效果。

Put a Pin on it
BROOCHES

CHAPTER ♥ 4-5

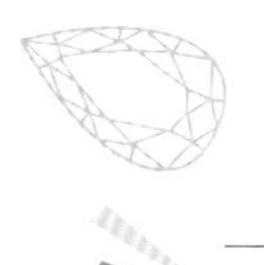

胸針該別在哪？

HOW TO WEAR THE BROOCH

有人說，喜歡一樣東西，就把它放在離你心口最近的地方吧！
胸針，可以說是離心口最近的飾品。

胸針屬社交場合的珠寶，因此，爲社交需求而產生，
代表著權勢與權威，其實別針也是衣裝的點睛之筆。
從古代騎士到王宮貴族都很喜愛；在現代除了增加衣著的分量外，
胸針還有著身份、個性的象徵意義，
更是展現自我品味的一種無聲語言。

不可不知的別針類型

花朵

動物

環狀

昆蟲

蝴蝶結

蝴蝶

別針戴起來像老奶奶?
因為你別錯位置了!

我們常見胸針佩戴，這也是最常使用的配戴法，
但是別針不僅能別在胸前，還有很多意想不到的配戴方式。
最重要的，是必須掌握正確的比例原則，才不會看起來充滿老態。
別針該怎麼別才不出錯？把握以下原則就對了！

LOOK!
胸針的搭配技巧影片

胸針搭配口訣

男左女右、3線4區

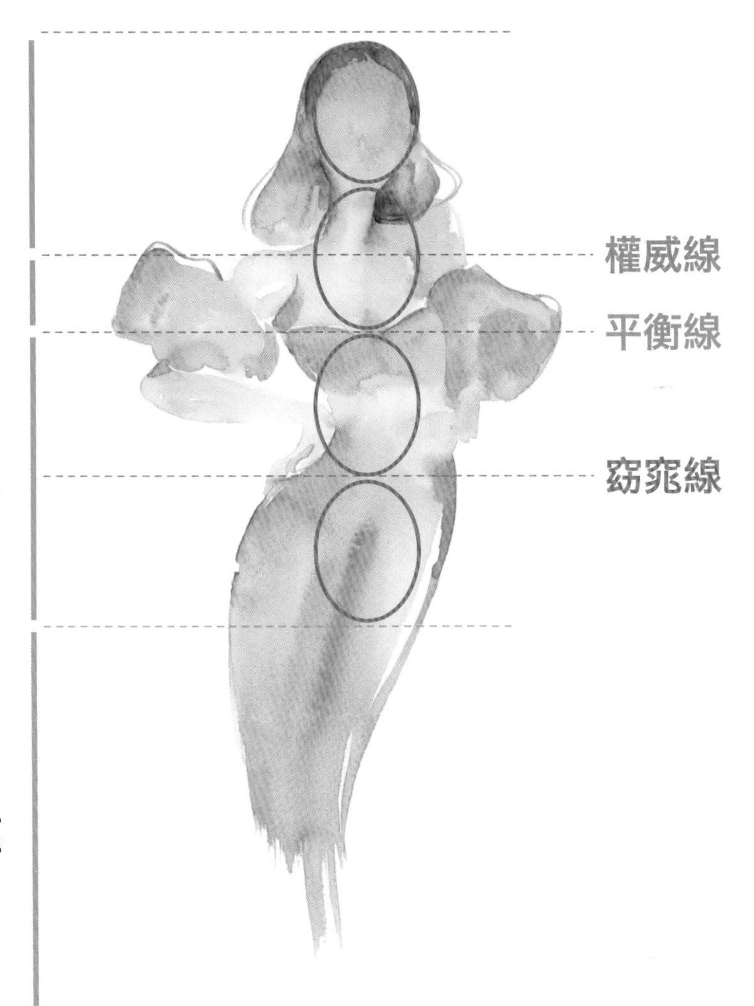

3線是哪3線呢？

權威線 肩線下10cm

象徵權位，有隆重高貴之意，英國女王的別針都別在權威線上。

平衡線 從下巴到胸口約一顆頭長

低調、不張揚的位置，適合各種身分與服飾的搭配。

窈窕線 跟下巴相差兩個頭的距離

可凸顯身材、修飾身形，但須搭配適合的服裝，也並非所有身型都適合。

4區是哪4區呢？

華麗區

權威線以上（包含頸、頭髮），別在這一區會看起來有點小正式感。

穩重區

權威線與平衡線之間，這一區不高不低，別了不會出錯。

身材區

胸部到腹部左右的區域，別了看起來窈窕，但不適合小個子。

創意區

非固定區域，而是由每個人自行發揮，通常會別在袖口、口袋、帽子、鞋子上等。

別針的加分用法

HOW TO CLUSTER BROOCHES

凸顯個人品味，達到點睛之筆的效果

增加外套質感

帽子

袖口

防走光扣(深V)

腰間

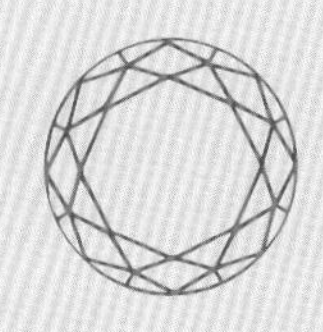

珠寶首飾的收納與保養

完美珠寶飾品收納法則

PREFACE

5

CHAPTER ♥ 5-1

展現不同年齡風情的佩戴祕訣

HOW TO WEAR JEWELRY
DIFFERENT AGES

首飾是穿搭的點睛之筆，適合與否最重要， 飾品的搭配法則，
與個人色系、臉型及五官分析等個人形象都有密切關係，
如果沒有根據的隨意搭配，結果可能會適得其反。

珠寶大致可以分成簡約設計款、寶石款和奢華款；
選擇與年齡相應的珠寶飾品能凸顯你的氣質和特色，提升個人的獨特魅力，
讓整個人看起來既優雅又有時尚感。

不同年齡的建議飾品

HOW TO SELECT

20、30、40應戴上什麼款式的珠寶才最合拍？適合，才是不同年齡的最佳配襯。

20+

時尚俏皮

年輕女生比較適合輕盈的珠寶和配飾，具個性、別出心裁、前衛、浪漫型的設計，則可以顯示出年輕有活力的一面；但在非常隆重的場合、還是建議可以選擇高級一點的珠寶。

30+ 不追求潮流 款式選擇 精緻簡潔 穩重

30＋女性通常已在職場工作，經常需要穿著制服或較為正式的服裝，因此建議搭配的珠寶飾品應較為簡約，以百搭為主，如此低調又不會跟正式場合脫節。如果是稍具消費能力的輕熟女奢華品牌的珠寶選擇，建議選入門款式，會更符合職場定位。

40^+

高雅溫柔 睿智 凸顯 女性韻味

40歲以上女人已歷經歲月多年洗練，氣質更沉穩有魅力，建議選擇有設計感大氣的高級珠寶，紅藍寶石、珍珠珊瑚、祖母綠以及翡翠和碧璽，都是不錯的選擇。可選擇中高端品牌珠寶，既可佩戴亦具備收藏和投資價值，也可當傳家寶。

CHAPTER ♥ 5-2

女生都該有顆永流傳的鑽石珠寶

SIMPLY CLASSIC

如果妳問什麼珠寶飾品是每個女人的珠寶盒裡都該有的，
鑽石、珍珠絕對是最有代表性的單品了！

佩戴年齡從 18 到 80 都適合，日常妝點或是重要場合皆可駕馭。
我的第一件輕奢珠寶就是奶奶送我的 18 K鑽石項鍊，
而同時期，還收到姑姑從日本買回來的珍珠項鍊作爲我的生日禮物，
是一條公主鍊，剛好是最適合飾品初心者的款式。
從收到這兩件飾品直到現在，已經超過 20 年，
我也從少女成爲輕熟女，但是戴起來卻依舊合適，
完全沒有違和感，堪稱百搭、經典。

DIAMOND

鑽石是女人最好的朋友

DIAMONDS ARE A GIRL'S BEST FRIEND

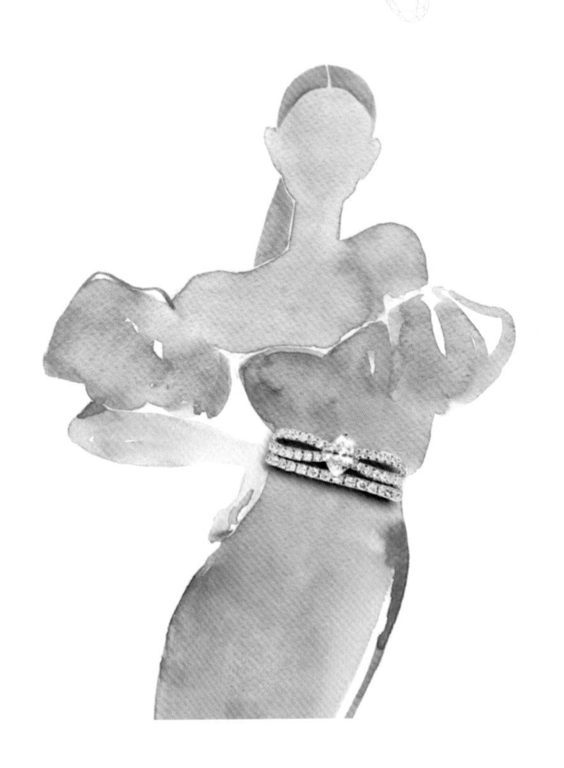

鑽石是女人一輩子的朋友，無論幾歲，
它都能讓你看起來熠熠生輝。
年輕女生可以選擇各種風格類型設計的
鑽石珠寶飾品，增加自身質感，
成熟的女性更應選擇鑽石珠寶與自己的
氣質呼應。

優雅穿搭必備的珍珠

ESSENTIAL PEARLS FOR ELEGANT DRESSING

珍珠戴起來都很老氣?

我個人非常喜愛珍珠，它是我最熟悉的日常配飾。但很多人誤解珍珠，以爲戴起來只會顯得老氣，其實，不是珍珠本身老氣，是配戴方式有問題。

近期時尚界已經爲珍珠注入許多流行新元素與前衛的設計感，不過重點還是要選擇與自身形象、風格一致的珍珠飾品。

在年輕的時候，我也曾買到戴起來不適合自己的珍珠飾品，不過經過了個人色彩、顏型分析、骨架分析後就知道，不要只看雜誌上的模特兒戴了好看就購買，而是先了解自己，再去選購；選擇珍珠飾品的時候首要評估珍珠大小，越大越正式，小則較無存在感。接著介紹珍珠的配戴法則，希望大家都能購買到陪伴自己無數個年頭的珍珠飾品。

珍珠配戴三法則

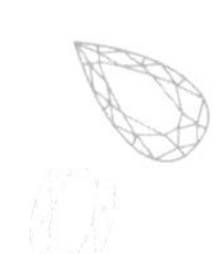

HOW TO WEAR PEARLS

01 評估長度

想把珍珠戴得時髦，長度是很重要的，首購推薦公主鍊長度的珍珠項鍊，幾乎是人人可駕馭。

02 選擇大小

雖然說珍珠愈大越顯正式，但還是要看與顏型風格是否一致，否則看起來仍會感覺不太順眼。
如果形象風格不適合配戴圓形的珍珠，可考慮巴洛克變形珠，別具設計感而且不撞款！

3mm	4mm	5mm	6mm	7mm	8mm	9mm	10mm

奧黛麗赫本 Audrey Hepburn
經典之作第凡內早餐
Matinee 馬汀尼

葛蕾絲凱莉 Grace Kelly
被譽為最優雅的女人
Rope 超長型項鍊

賈桂琳·甘迺迪 Jackie O.Kennedy
品味渾然天成的第一夫人
Princess 公主鍊

戴安娜皇妃 Priness Diana
全球最時尚的皇室王妃
Choker 頸鍊

03 珍珠造型/串珠

配戴串珠要注意珠型與珠子尺寸大小，如我們前面風格的分析，小珠珠看起來秀氣但也可能因為不適合戴起來沒有存在感，或是大串珠的設計看起來氣場強大，不適合可能會變得老氣。

03 珍珠造型/單珠

單獨一顆珍珠，適合想低調的日常裝扮

珍珠如何搭配衣著

HOW TO STYLE WITH CLOTHING

疊搭

混搭疊戴是珍珠近期最熱門的搭配方式，擺脫珍珠一直以來給人女性化的感覺。可休閒、可帥氣、也顯年輕活潑！

◀ LOOK!

珍珠項鍊的**10** 種戴法影片

混搭

混搭金屬元素。以大量金屬混搭的設計元素，畫龍點睛的將珍珠擺在最亮眼的位置。加上別緻的鎖扣更凸顯設計感。

珍珠如何搭配衣著

HOW TO STYLE WITH CLOTHING

穿戴珍珠應避免搭配面料厚重、絲絨、層層疊疊的蕾絲或是過度嚴肅正式的上衣，會顯得更為成熟，年齡感倍增，且容易看起來老氣。

珍珠的來源

THE SOURCE OF PEARLS

天然海洋生長

天然海水珍珠生長周期較長，一只蚌只有1-2顆珍珠，手感細膩溫潤。大小以8mm為常見，當然價格也是隨著大小越大越昂貴。

人工培育 - 海水養殖

SOUTH SEA PEARL / 南洋珠

● 珠型圓大，直徑約18-20mm，主要產地為澳洲，俗稱澳白珍珠；但顏色豐富，其中又以金珠最為尊貴。

AKOYA / 日本珠

● 只產於日本，因此被稱為日本珠。尺寸為2-10mm，光澤呈現銀藍色，也有淡粉色與奶油白的種類。

TAHITIAN PEARL / 大溪地珍珠

● 只生長於天然無污染的波利尼西亞海域，有黑、孔雀綠、輝、藍、咖啡等色，顏色越深越貴，11mm的珍珠市場價值就能高達5萬。

人工培育 - 淡水養殖

光澤柔和，一只蚌可培育出10-60顆珍珠，多的甚至一兩百顆，因此淡水養殖的珍珠價格較為親民。一開始的養殖技術是日本發展出來，迅速取代價格昂貴的真珠，爾後技術流傳至澳洲、中國，由於這兩個環境乾淨，人工及各方面成本較低廉，生產出來的淡水養珠大大威脅日本原本的龍頭地位。現在中國已成為淡水養珠的最大供應國。

拼合 - 馬貝珠 / Mabe Pearl

馬貝珠可說是一種再生珍珠，是採集已養殖好的珍珠後，再以人工手法在貝殼內側插入珠核進行養殖。市面上常見將馬貝珠設計成耳釘，由於馬貝珠呈半圓形，佩戴上不會不服貼，甚至還可養殖出心型、水滴型、橢圓等形狀，提供設計師更多創意的設計空間。目前這種獨特的半邊珍珠已逐漸成為珠寶首飾的潮流新貴。

珍珠應該怎麼選

HOW TO CHOOSE PEARLS

挑品種 主要可分爲淡水珠、Akoya、澳白、金珠、大溪地黑珍珠。

看大小 珍珠越大則代表養殖時間越長，因此珠徑越大，價格越高。

選形狀 珍珠越圓越貴。

品光澤(皮光) 珍珠的光澤分四種，弱光、弱光澤、強光澤與極光澤。沒有光澤的珍珠像饅頭，極強光則像燈泡會發亮。

分顏色 顏色越稀少、越鮮明，則價格越高。

瑕疵度 以肉眼看珍珠時，表面越乾淨光滑的珍珠，價格相對越貴。

NOTE 珍珠保養方法 / PEARL MAINTENANCE METHODS

1. 不戴珍珠洗澡
2. 不與金屬或寶石混放
3. 避免油煙
4. 避免曝曬
5. 佩戴後用絨布輕輕擦拭再收藏
6. 不能泡水清洗
7. 完妝後再配戴
8. 定期更換珍珠線

CHAPTER ♥ 5-3 珠寶飾品如何清潔保養？

STORING + CARING

「多一些珍惜，少一些傷害。」一般飾品屬於消耗品，即使是高價珠寶首飾也會因時間、穿戴與保存方法不佳、碰撞磨損等原因降低光澤，甚至斷裂損壞。如何讓心愛的珠寶飾品保持光彩奪目？日常的保養很重要。應避免劇烈摩擦、碰撞、接觸汗水、溫泉與化學成分等會損害飾品的變因，配戴過後可使用清水沖洗（但並非所有飾品都可以洗），或軟布乾擦，再放置於密封夾鍊袋中，減少暴露在空氣中氧化受潮的機會。一般的精品與高價珠寶品牌都有售後服務，因此定期送專業保養也是不錯的選擇。那麼日常在家該如何清潔保養呢？

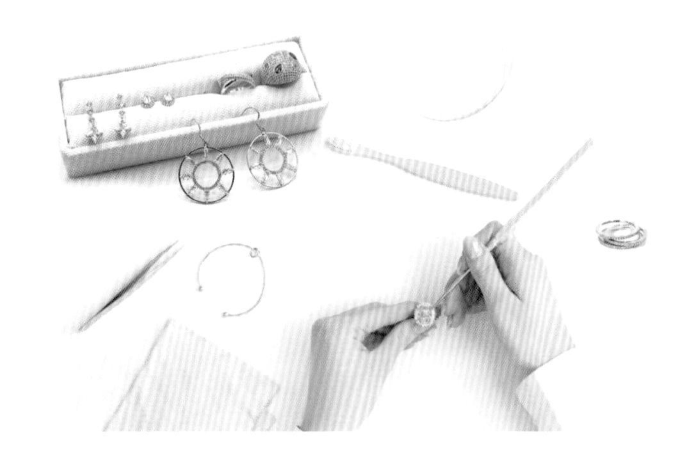

珠寶飾品的清潔與保養

K金	避免把 K 金首飾與其他首飾擺放在一起，特別是鑽石，因其硬度會引致互相磨擦而刮花，故應獨立存放。可用溫水或稀釋的皂液清洗 K 金首飾。
銀飾	銀飾品氧化會變黑，可以利用拭銀布擦拭。
銅飾	銅飾不宜碰水，汗水、水氣容易造成銅鏽；長久使用銅飾也會氧化變黑。可混和檸檬汁和鹽或使用軟布沾上少量銅油擦拭，便可恢復原來的色澤。
合金\電鍍飾品	鍍金鍍銀飾品不宜過度使用拭銀布反覆摩擦，會造成電鍍層的剝落，加速氧化現象。

遠離潮濕

睡覺前請摘除

運動前請摘除

沐浴前請摘除

保存在密封袋
或者盒子裡

使用香水或
乳液要晾乾再戴

925 銀長時間配戴或養護不當造成氧化發黑屬於正常現象
鍍金飾品平日愛惜保養下會延長保色時間

收納

STORING

想要讓各種珠寶飾品收納有條不紊，

除了收納要有技巧，用對輔助的器具可以事半功倍，

減少弄丟或是要配戴時找不到飾品的窘境。

◀ LOOK!

五種飾品的收納方法影片

＼收納架

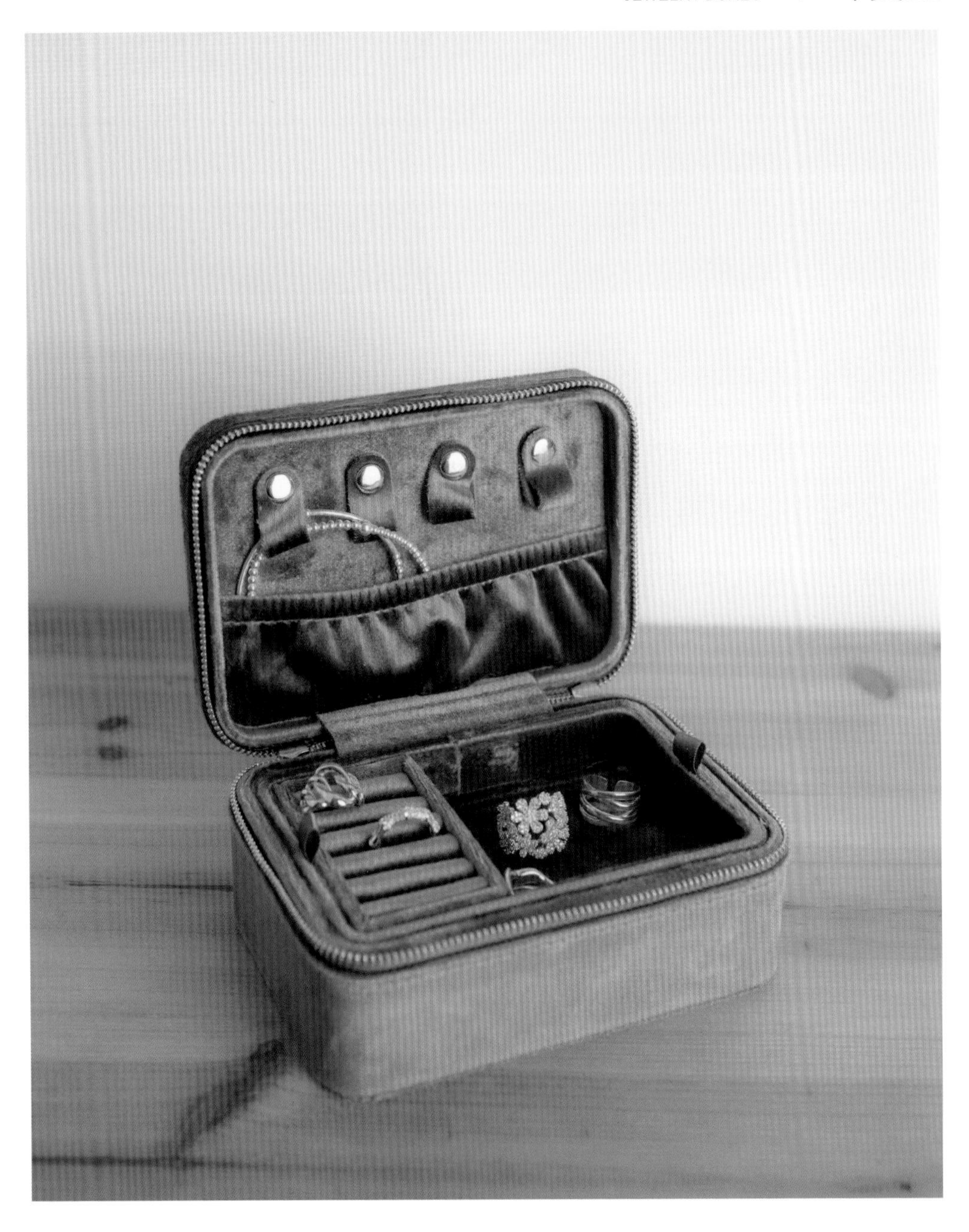

＼ 收納冊

TRAVELING ＼ 旅行中收納

旅行時要避免首飾在旅途中相互
碰撞刮傷，或纏繞打結，應獨立分裝，
用夾鍊袋個別分開再收入旅行小包。

STORAGE \ 長期收納

可用密封夾鍊袋收納，
再放入防潮箱，
可避免飾品氧化變質。

收納與展示

STORING

展示方式沒有絕對的好壞或對錯，依個人習慣為主，
以下建議幾種較常見的展示與收納方式。

收納與展示

STORING

戒指 ⋯⋯ 瓷盤

耳環 ⋯⋯ 耳環樹

手環項鍊 ⋯⋯ 收納架

我的優雅氣質就從飾品開始

作者	蕭曼妃
美術設計	吳一明
美術編輯	許喬語、Allantsou
攝影	蕭希如、許喬語
插畫	Aeron
校對	鄭懋奇、蕭曼妃
策畫	郭品良
企畫選書人	賈俊國
總編輯	賈俊國
副總編輯	蘇士尹
編輯	黃欣
行銷企畫	張莉滎、蕭羽猜、溫于閎
發行人	何飛鵬
法律顧問	元禾法律事務所王子文律師
出版	布克文化出版事業部 115台北市南港區昆陽街16號4樓 電話:(02)2500-7008　傳真:(02)2500-7579 Email: sbooker.service@cite.com.tw
發行	英屬蓋曼群島商家庭傳媒股份有限公司城邦分公司 115台北市南港區昆陽街16號8樓 書虫客服服務專線:(02)2500-7718 / 2500-7719 24小時傳真專線:(02)2500-1990 / 2500-1991 劃撥帳號:19863813　戶名:書虫股份有限公司 讀者服務信箱:service@readingclub.com.tw
香港發行所	城邦(香港)出版集團有限公司 香港九龍土瓜灣土瓜灣道86號順聯工業大廈6樓A室 電話:+852-2508-6231　傳真:+852-2578-9337 Email: hkcite@biznetvigator.com
馬新發行所	城邦(馬新)出版集團 Cité (M) Sdn. Bhd. 41, Jalan Radin Anum, Bandar Baru Sri Petaling, 57000 Kuala Lumpur, Malaysia 電話:+603- 9056-3833 傳真:+603- 9057-6622 Email: services@cite.my
印刷	卡樂彩色製版印刷有限公司
初版	2024年10月
定價	450元
ISBN	978-626-7431-99-3
EISBN	978-626-7431-95-5(EPUB)

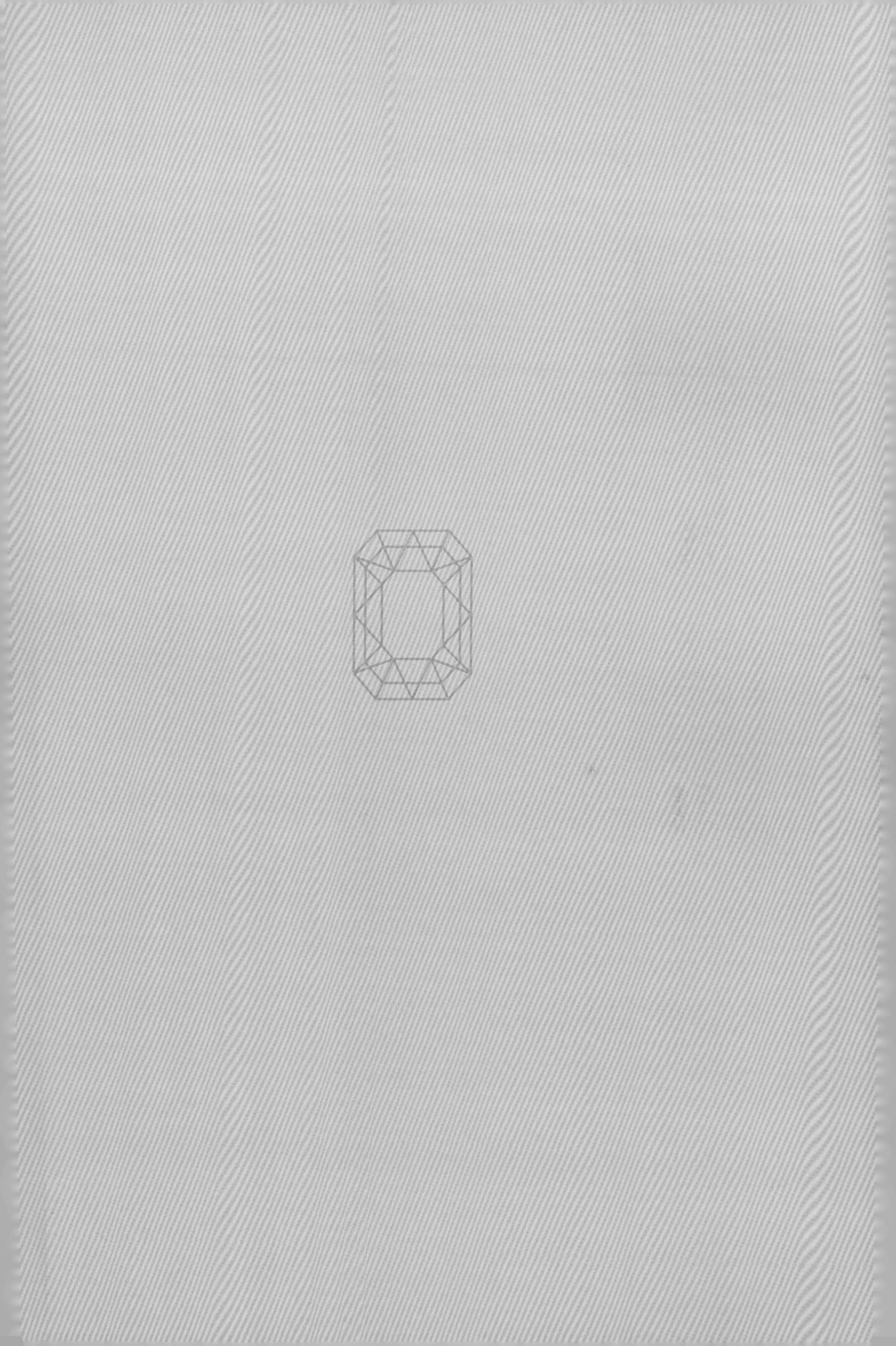